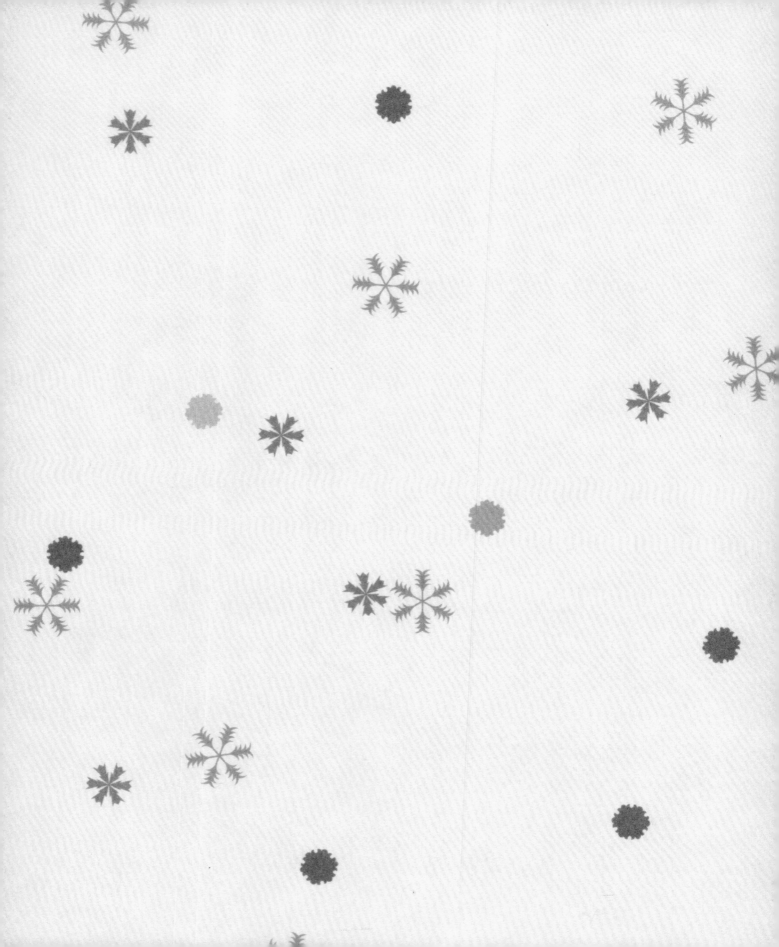

# 斉藤謠子の LOVE 拼布旅行

Mina Älskade Lapptäcken Skapade Under En Genomresa I Sverige

## 最 愛 北 歐 ！

夢之風景×自然系雜貨風の職人愛藏拼布・27

　　只要去瑞典旅行，心情就會特別平靜，創作的靈感也源源不絕。整排的田野與房子、森林、人們的日常生活……如圖畫般的光景比比皆是，隨著季節更迭有著不同的表情變化，冬天是一整片的銀色世界，家中的燭火傳遞了溫暖；初夏則是直透穹蒼的藍天，透明的空氣感彷彿洗滌了心靈。

　　這裡也是手作的寶庫，拼布、刺繡、織品還有針織與蕾絲等……起源自傳統，與日常生活融合而發展出現代的形式，擁有許多可供手作迷參考的事物。此外，北歐傢俱具有貼心友善的設計，因此近年來很受歡迎，實際造訪友人住家，室內裝潢擺飾也都極為講究。年輕時，我很熱愛美式拼布，幾乎每年都會造訪像波士頓這樣古老的美國城市，但是近幾年來卻完全迷上瑞典了！它是開啟我走向創作全新風格的大門，十分重要的一片土地。

　　這本書主要收錄的作品為2013年春天拜訪瑞典達拉納省時，因在當地所見所聞而啟發靈感創作而成的。

　　日本人本是過著與自然依存的生活，但隨著都市化的演進，而轉變成遠離自然的生活模式，漸漸地將自然遺忘了！近年來陸續發生了許多讓人感受到大自然威力與可怕的天災異變，也就是在這樣不安的時代，所以才更要接近自然，凝視它，與它對話不是嗎？在瑞典，我與朋友們走進了森林，就看見大自然中有花、有各種不同形狀的葉子、有樹木，並且也再次體會到健康活潑生存於大自然裡的小動物與小鳥，甚至是小蟲子，都該被好好珍惜，也希望自己可以持續創作出與大自然一樣協調的溫暖作品。

斉藤謠子

# 目錄

# Kurbits・幻想の花
MINA KURBITSAR

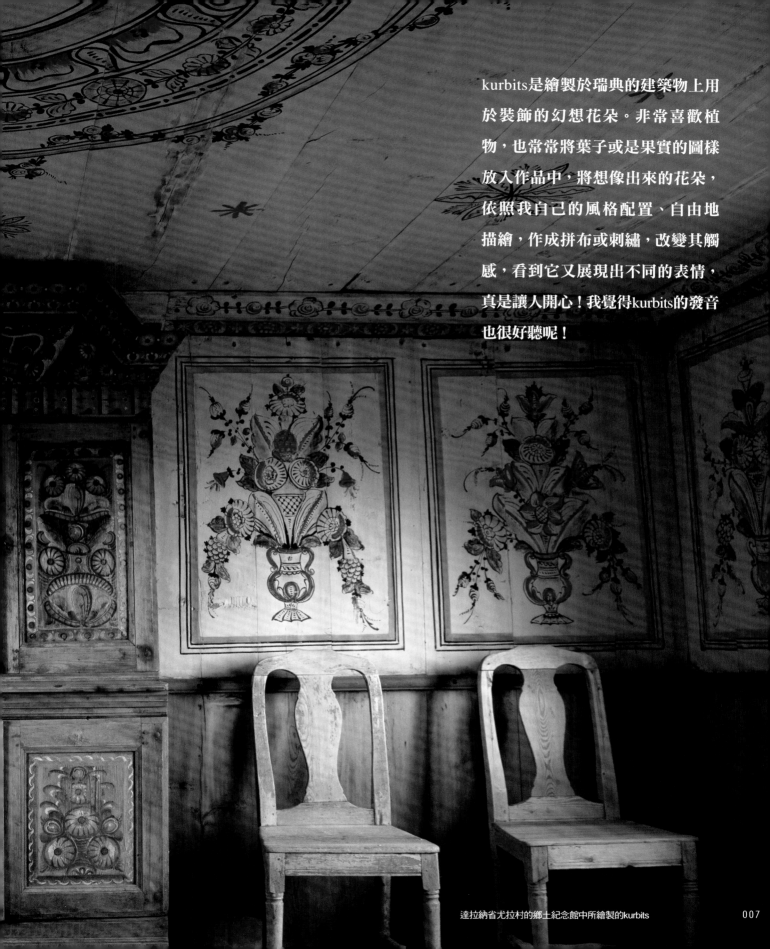

kurbits是繪製於瑞典的建築物上用於裝飾的幻想花朵。非常喜歡植物，也常常將葉子或是果實的圖樣放入作品中，將想像出來的花朵，依照我自己的風格配置、自由地描繪，作成拼布或刺繡，改變其觸感，看到它又展現出不同的表情，真是讓人開心！我覺得kurbits的發音也很好聽呢！

達拉納省尤拉村的鄉土紀念館中所繪製的kurbits

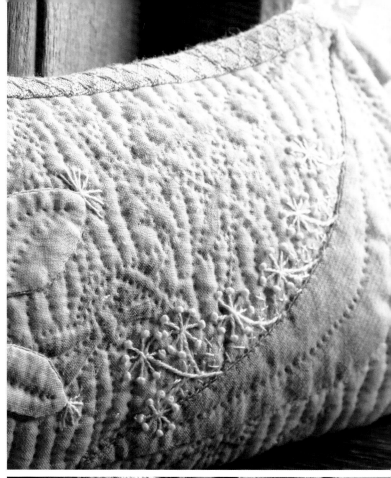

# 冬の降臨
## Vintern har kommit

會掉下如像蒲公英的棉毛一般的花
瓣，幻想的花朵，就像是在跟大大的
花蕾說話似的，可應用於植物花樣的
基底布上的設計。帶有柔軟蓬鬆的溫
柔質感，是一款實用便利的小包。

作法 ▶Page064

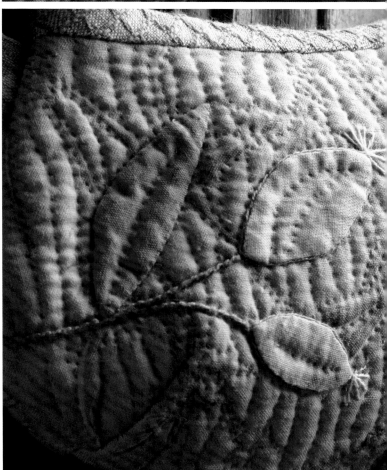

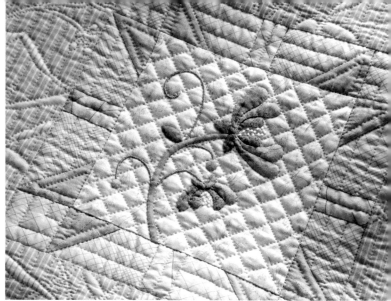

# Kurbits · 幻想の花

## Mina kurbitsar

以幻想中的花朵與昆蟲＆小鳥組合而成
的壁飾，讓人感到自在放鬆的圖案與精
準的壓線拼接，產生有趣的對比。營造
協調的色調是這件作品的製作重點。

作法 ▶Page081

風之花
Vindblomma

利用壁飾其中一個圖案製作而成的小
包。圖案為設計的主要重點，而開口
處則是飛舞的小花，由袋身與袋蓋組
合成一朵花的設計。

作法 ▶Page087

# 收集果實
## Samla nötter

在七葉樹的果實、橡實、松果上自由
地畫上葉子的形狀，以壁飾的小布片
製作圖案，最後再將四個圖案拼接成
一片的包款設計，以時尚的配色製作
而成。

作法 ▶ Page086

冬之花
Vinterns vackra blomma

以製作壁飾的小布片作成的束口袋。
基底布與一部分的邊條布使用同一塊
布料，因而營造出帶有神祕氣息的十
字形輪廓。

作法 ▶Page085

傳遞幸福の小鳥

# Fågeln bringar lycka

這款小包以壁飾的主題圖案作為表袋用
布，基底布作為裡袋製作而成，上面還有
淡色系的小鳥貼布縫圖案裝飾，瞧！牠正
小心地運送著那一朵花呢！

作法 ▶Page088

鳥屋
Fågelhus

應用兩片樣本拼接作成的鳥屋而製成
的提包，在基底布隨性地作了如風吹
的紋路的壓線，鳥屋則以格紋及看起
來有木頭質感的布料，以深淺搭配展
現立體感。

作法 ▶Page089

# 藍花
## Blå blomma

圓弧造型的口金包,作法非常簡單!
如同星星一樣的藍色花朵與格紋搭
配,營造出質樸的印象,提把則選用
觸感舒適的皮革材質。

作法 ▶Page071

# 由刺繡衍生の拼布
## LAPPTÄCKEN INSPIRERADE AV SVENSKA LANDSKAPSSÖM

朋友卡琳作的各式鄉土刺繡圖樣。

在瑞典，女性們常常花很多時間一
針一線地慢慢刺繡，自生活的各種
場景取材並放入作品。她們嘗試
應用在拼布上，細緻的部位採用刺
繡，其餘部分則採用布料。這樣的
搭配組合，更加能夠表現作品並拓
展領域，雖然更花費精力，但也更
能展現出華麗感。

LAPPTÄCKEN INSPIRERADE AV SVENSKA LANDSKAPSSÖM

# 冰晶

## Iskristaller

在瑞典找到的亞麻床單布，於其上加上
紅色系繡線作成的刺繡圖案，與檸檬星
圖案組合而成。

作法 ▶Page090

# 四季花圈
## Årstidskransar

在夏至祭典、聖誕節收集了四季不同的花圈，作成的迷你壁飾。花朵貼布繡圖案加上藤蔓刺繡，營造繽紛又優雅的氣氛，以白玉拼布作出羽毛壓線，呈現立體感。

作法 ▶Page092

LAPPTÄCKEN INSPIRERADE AV SVENSKA LANDSKAPSSÖM

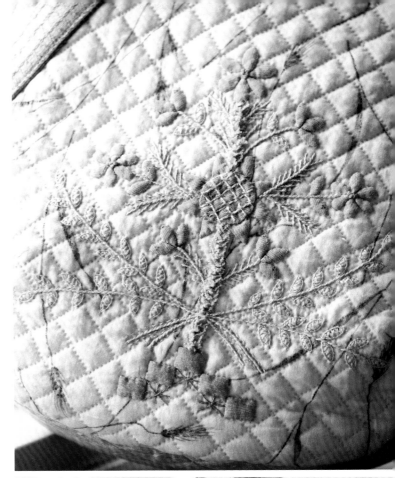

# 生命樹
## Livets träd

以刺繡與貼布縫表現葉子從中間往外
延伸生長的模樣,以布作三股編完成
枝幹,使表情更為豐富,營造出經過
一段時間,紅色繡線變成粉紅色的感
覺。

作法 ▶Page093

# 王子與公主
## Prins och prinsessa

在花圈中，兩人相親相愛地跳著舞的小提
包。自羊毛刺繡得到的靈感，在藍色布料
上只使用白色繡線，簡單質樸，隨性地以
自由曲線壓出格子狀壓線。

作法 ▶Page094

# 雪の庭園

## Snö i trädgården

在具有類似雪花圖案的布料加上貼布
縫與刺繡，帶有懷舊氣息的小收納
包。為了襯托出刺繡的質感，最好選
用素雅且不過於搶眼的布料製作。

作法 ▶Page074

## column 1
# 在瑞典邂逅の拼布圖案

1 三幅Kurbits畫作，1850年作。
2 天井上的 Kurbits 繪製圖案，1818年作。
3 聖經中場景與 Kurbits 的組合，1791年作。

不論到了什麼地方，只要看到美麗的事物，腦中就會冒出「應該可以拿來作成貼布縫的圖案？」這樣的想法。我第一次到訪瑞典是在2006年，那兒果真是手工藝盛行之國，到處都有可以作為貼布縫圖案的靈感。從此之後，幾乎每年都會造訪，每一次都會有新發現。

旅行時，我一定會參觀美術館或博物館，接觸這塊土地的歷史文化的最佳場所。多年前在瑞典中部的達拉納省的博物館裡看到了一幅壁畫，上面畫著某種植物，詢問之後才知道是「Kurbits 幻想の花」。大大的花與綁成束的葉子組合而成的構圖，據說是因為在北方寒冷的國度裡，很少有這樣新鮮的花朵，所以將這樣的花卉圖案繪製在牆壁上欣賞。達拉納省的Kurbits大多為1720年至1870年繪製的。除了花朵與葉子的圖案外，有些繪製聖經場景的達拉納圖畫中，也有類似Kurbits的圖樣出現。Kurbits的名字發音聽起來就覺得很好聽，心裡一直思索著總有一天要把Kurbits作成拼布圖案，直接拿來使用，似乎過於沉重，於是我依照自己的風格重新配置，設計出只利用了花與葉子的「斉藤謠子風Kurbits」，成為我個人風格的幻想花朵。

這次取材作為作品主題圖案的為瑞典刺繡。瑞典傳統的鄉土刺繡目前流傳下來的尚有10多種。一開始是以這片土地上的材料刺繡，1960年代開始，手工藝協會希望在國內推廣，因此把各種刺繡加上地名，幾乎各種刺繡的名稱都是當地的縣或城鎮村莊的名稱。鄉土刺繡會因為地域不同，而有不同的特色，都非常細膩精緻。繡線也大多使用黑色、紅色等單色，作出花朵與葉子的圖案，質樸迷人。

6月份拜訪瑞典時，造訪了比達拉納稍北一點的海爾辛蘭，當地有一個叫作DELSBOSÖM的小村莊，就是DELSBOSÖM刺繡的故鄉。在麻質布料上，以紅色木棉線繡出圓形的植物輪廓，線的顏色及花朵的形狀都十分可愛，作成貼布繡圖案，相當有魅力。刺繡的細節都非常精細，以拼布製作有點困難的時候，可以花點工夫修飾輪廓，讓線條變得更加俐落。

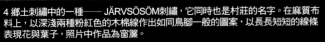

4 鄉土刺繡中的一種──JÄRVSÖSÖM刺繡，它同時也是村莊的名字。在麻質布料上，以深淺兩種粉紅色的木棉線作出如同鳥腳一般的圖案，以長長短短的線條表現花與葉子，照片中作品為窗簾。

5 SVARTSTCKSÖM刺繡為達拉納省Leksand的鄉土刺繡，這就不是地名了！在麻質布料上，以黑色的絹線進行雙虛線繡，主要用於民族服飾的圍巾上。

6 圓形的花朵及葉子讓人印象深刻的DELSBOSÖM刺繡，本書的作品中也有用來作為主題圖案，照片中的作品為壁飾。

7 在日常生活中，上面有鄉土刺繡的古董抱枕或是窗簾，至今仍舊被愛用著。

A BLEKINGESÖM 刺繡是在麻質布料上，以粉紅色、水藍色、黃色的木棉線繡出花朵與小鳥、花籃等刺繡圖案。

B C DELSBOSÖM 刺繡是在麻質布料上，以紅色木棉線繡出圓形的花朵。花與葉子的版型則是以白樺木作成。

D YLLEBRODERI刺繡是在羊毛材質布料上以羊毛線繡出人物與小鳥、獅子、鹿等的刺繡圖案，是瑞典南部斯堪尼省的刺繡。

E HALLANDSÖM刺繡是在麻質布料上以紅色與藍色的木棉線，繡出星星與花及愛心等刺繡圖案。

# 森林の朋友們

SKOGENS VÄNNER

現今的瑞典，依舊持續地與日本人早已忘記的大自然共同生活著。春天採集象徵春天來臨的野花，初夏則在森林中摘蘋果莓作成果醬，秋天則將蘑菇乾燥作成醬料放入料理中。森林中的木材、果實、花草、蟲鳥，全都是人類的鄰居，被小心愛護著。

## 預告春天來臨の花朵
### Blåsippor

在森林裡散步時發現的藍色花朵——
雪割草。將瑞典人對春天的印象放入
迷你壁飾中，為了描摹花朵奮力往上
的模樣，作成俯瞰角度的圖案。

作法 ▶ Page096

# 草原の花籃
## Blomsteräng

在代表草原色調的淡綠色布料上,拼縫出象徵春天來臨的花朵的圓形圖案,在空隙間製作葉片的貼布縫,花朵的布料則選擇漸層色系或直線圖案,讓花朵更為生動。

作法 ▶ Page098

## 採集蘑菇

### Svampplockning

不使用貼布繡製作色彩繽紛的蘑菇，反而故意挑戰拼縫作法，讓布料展現出蘑菇的質感，袋口處特別以手縫隨性地縫製，表現樸素低調的風格。

作法 ▶ Page100

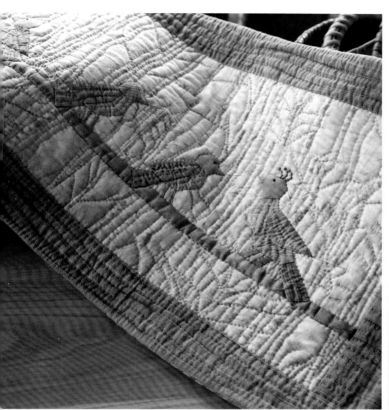

# 小鳥家族

## Familjen småfåglar

像是可以聽到熱鬧的小鳥一家吱吱喳
喳聲的迷你壁飾，將圖案換個方向，
看起來就像是不同隻鳥，在基底布上
壓線作出白樺木質感。

作法 ▶ Page077

## 草叢中の小蟲們

### Små insekter i gräset

在喜歡的花草圖案布料上，隨性地製
作小蟲貼布縫圖案完成的大容量提
包，製作花草或自然圖案的作品時，
加上小蟲看起來會更加生動活潑。

作法 ▶ Page102

042

# 青鳥の旅程
## En blåfågel i flykt

將小鳥家族中的爸爸的圖案放大後，裝飾在以一片布作成的斜背包上。圖案配置在口袋的位置，所以只需在口袋布上壓線，是一款具實用性又有豐富表情的作品。

作法 ▶ Page097

SKOGENS VÄNNER

# 森林の智者
## Ugglan, skogens vise man

看起來像是白樺林的基底布上，以貼布縫作出森林智慧的象徵——貓頭鷹。沿著圖案邊緣壓線，更富立體感，引人注意的特色就是那雙明亮的大眼睛。

作法 ▶ Page103

# 豊富の日常生活

LIVSGLÄDJE

一到冬天就被嚴寒包覆的北歐，室內卻處處可見溫潤質感的裝飾，以蠟燭裝飾圍繞餐桌，聖誕裝飾及織品衍生設計而成的家飾品，招待客人的手工麵包、蛋糕……被這些美好的事物團團圍繞著，這才是真正的日常生活吧！

LIVSGLÄDJE

048

# 聖誕節の回憶

## Minnen från julen

自聖誕節使用的燭台而發想作成的籃狀
小收納盒,搭配布料自由地壓出螺旋狀
壓線,強調光暈,感受時間靜靜地流動
的美好。

作法 ▶ Page108

# 穿著民族服飾の少女
## Dräktflicka

帶著一點寂寞表情的少女為主題的小提
包，像是在幫洋娃娃搭配衣服的心情
考慮配色，會很有意思喲！作成有點樸
素的小女孩，或是喜歡華麗打扮的小女
孩，可以依個人喜好變化喔！

作法 ▶ Page110

LIVSGLÄDJE

# 夢想中の紅色小屋
## Rött drömhus

把在達拉納看到的紅色小屋作成餐巾紙架，拼縫法國亞麻格紋布與漸層色調的布料作出木板的立體感。

作法 ▶ Page104

## Knacke、Knacke!
## Knäcke knäcke

Knacke是瑞典的傳統硬餅乾，發現材質較粗硬的先染布時，覺得將它拿來作成Knacke形狀的杯墊實在太適合了！不僅質地相似，形狀也很適當，仿真程度大受好評！

作法 ▶ Page111

LIVSGLÄDJE

瑞典大受歡迎的工藝品，以貼布縫表現
出彩繪的感覺。直線紋路看起來像壁
紙，前面立著一隻木馬裝飾，以此構圖
作成茶壺套。

作法 ▶ Page106

上頭裝飾著以點點、印花、格紋等布料
作成的木馬貼布縫餐墊,可以自由地直
向或橫向排列貼布縫圖案,與基底布搭
配,也可依照自己的喜好選擇要突顯圖
案或融合於色系中。

作法 ▶ Page107

# 圍繞著五月節柱
## Kring majstången

作法 ▶ Page108

慶祝夏季來臨祭典的圖騰象徵，五月節柱的繪圖。在有直立樹木圖案的基底布裝飾上幸福的圖騰以及花草作成的花圈，再搭配上溫潤風格的Kurbits組合而成。

column 2

# 藉由旅行感受
# 豐富生活

**Hotel Memo**

## Green Hotel

**住宿費用**
**含早餐與稅金為**
850SEK~1500SEK。(註)
Ovabacksgattu 17
793 70 Tällberg Sweden
Tel: ＋46 247 500 00
Fax: ＋46 247 501 30
Mail: Mail@greenhotel.se
Hp: www.Greenhotel.se

從 Green Hotel 餐廳的
窗戶眺望美麗的 Lake
Silja。 11 月底的達拉
納，早上八點過後，
天色才漸漸亮了！

（註：約 NT.3698 ～ NT.6526。以 1 SEK=NT.4.35 計算）

被瑞典人稱為「心的故鄉」的達拉納省，從斯德哥爾摩搭乘電車約3小時可到達，具有豐沛的自然資源，盛行的手工藝在此也是遠近馳名。

每次到瑞典都會很照顧我的朋友，是已經定居瑞典40年的八幡敬子女士。一直以來，都是透過八幡敬子女士的幫忙，找到旅館、手工藝學校，並且可趁機探訪一般家庭，不論到哪裡，每每都能接觸到這些喜愛大自然的人們的質樸溫柔及認真的生活態度，讓我十分感動。本書所介紹的作品多是在達拉納的自然景色中拍攝的。

※

首先要介紹每次我到達拉納一定會投宿Green Hotel。位於Tällberg一個人口只有400人左右的小村落，是一間第一次造訪就會讓人愛上的旅館，樸素的木造建築，進到裡面後，會發現其低調的個人風格，地板、柱子及天花板都有一定的年齡了！走在木頭階梯上會發出嘎吱的聲響，雖然很古老，但一直被小心珍惜使用的傢俱及照明都很有味道，光是欣賞就使人感到心情平靜。每次住進旅館，早上都會在烤麵包的香氣中醒來，而讓人迫不及待前往的還有點昏暗的餐廳，木頭桌上點著蠟燭，從窗戶就能看到Lake Silja的對岸被美麗的朝霞染紅了天空，日出較晚的冬季，可以一邊品嚐剛烤好的麵包，一邊悠閒地享受早晨時光。

※

這樣緩慢的步調，在一般的家庭中也擁有相同的景致。某一天，我們到了敬子的朋友凱西蒂家中，凱西蒂女士住在離Tällberg不遠的Tibble村，那附近的住家是達拉納特有的紅銅色小屋，外觀看起來很可愛，但畢竟地處嚴寒北國，牆壁很厚實，建築物蓋得十分紮實，室內則裝飾著由長年擔任Leksand文化館館長的凱西蒂女士所嚴選的家飾品。

代代相傳的傢俱及地方工藝作家的作品、旅途中所發現的物品、友人贈送的禮物、孫子畫的圖畫……每一樣物品對凱西蒂來說都是珍貴的寶物，這些構成了凱西蒂風格的小世界，是一個讓人感到舒適的空間。

**1** 共有100間客房，每一間的裝潢擺設都不同，照片中的是普遍地使用木頭材質的傳統客房，另有以花朵圖案為主題，色彩明亮帶藝術感的現代感客房，也有座落在大自然中的小木屋，不論哪一種類型的房間都配備有最新的衛浴設備。

**2** 位於旅館一樓的餐廳十分具有藝術氣息，在這裡享用早餐或晚餐，建議盡量選擇靠窗的位子。

**3** 客房的鑰匙圈用的是色彩鮮艷的達拉納木馬，我非常喜歡它，每次入住幾乎都會購買。

**4** 山中小屋風格的Green Hotel位於Tällberg村中的高台位置，因此擁有很美的景色，1917年的建物，於1947年開始經營為旅館。

凱西蒂女士家中的起居室。由右依序為凱西蒂女士、敬子女士、前手工藝學校的校長卡琳女士，不論多麼忙碌，午茶時間絕對不能少！我們拜訪的那一日，凱西蒂女士也烤好了蛋糕迎接我們，據說這樣親手製作款待的禮儀，對他們來說是非常理所當然的事情呢！

目前的旅館主人莎露卡女士，總是帶著溫柔的笑容迎接客人。

> 作法中用到的單位為cm。

完成尺寸標記在尺寸圖中。
拼布作品的尺寸會因為布料種類、壓線的多寡、拼布鋪棉的厚度、以及縫製人的手感而多少有點不同。

> 縫份
拼接布片的縫份為0.7cm（有些作品為1cm）、貼布縫布片則另加0.3至0.4cm左右的縫份。

> 提包皆為機縫製作，若以手縫製作請以回針縫縫製。

# 必備工具

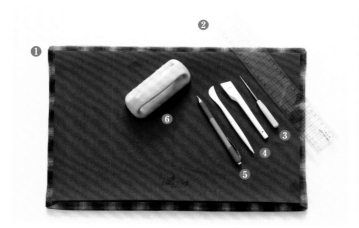

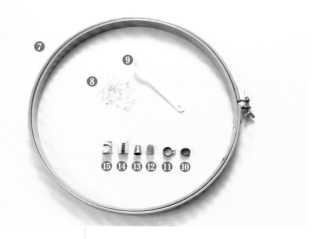

❶拼布板

較粗糙一面用於描繪布上記號，而表面柔軟的那一面則適用於使用骨筆時。另一面布料質地可當作燙板使用。

❷尺

製作紙型或描繪壓線線條時使用，建議選擇有平行線或網格的款式。

❸錐子

製作紙型描繪記號時使用，用來包覆縫份時也非常方便。

❹直線用骨筆、弧線用骨筆

使縫份倒向一側，或壓出摺線時使用。

❺記號筆

在布上描繪記號及畫出壓線線條時使用，也可使用2B鉛筆。

❻文鎮

壓縫小作品或進行貼布縫時，用來固定布的重物。

❼刺繡框（直徑45cm）

壓縫大作品時使用。

❽疏縫圖釘（建議選用針腳較長的款式）

用來固定裡布・拼布鋪棉・表布三層重疊的部分。

❾湯匙（推薦使用量取嬰兒奶粉的量匙，用起來很順手。）

疏縫時使用。

❿指套

⓫指套切線器

⓬橡皮指套

戴在食指上，防止針或布滑脫。

⓭金屬指套

壓線時，戴在右手的中指上。

⓮皮革指套

壓線時，套在⓭的金屬指套上。

⓯陶瓷指套

壓線時，套在左手食指上。

⓰剪刀

依照用途分成剪線用（ⓐ）剪布用（ⓑ）剪鋪棉用（ⓒ），選擇順手的剪刀才能使用得更長久。

⓱針

ⓐ疏縫針　疏縫專用長針。

ⓑ手縫針　用於拼縫布片。

ⓒ手縫針（黑針）較耐用的針，適用於縫製貼布縫或拼縫較厚較硬的布時。

ⓓ壓線針　壓線專用的短針。

ⓔ珠針　針腳較短用於貼布縫時比較方便。

ⓕ珠針。

⓲線

ⓐ疏縫線

ⓑ縫線（50號）用於拼縫布片或貼布縫時，請選擇接近布料色系的顏色。

ⓒ壓縫專用線　壓縫時專用線，選擇接近拼縫或貼布縫布片色系的顏色較好。使用米色系的線看起來較不明顯，適合任何布料。

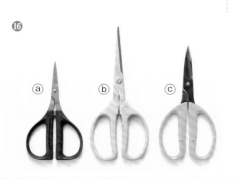

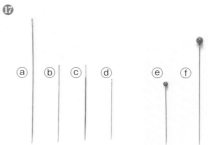

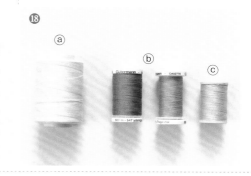

# 突顯圖案主題の布料搭配魔法

本書中，用了以往很少會用來壓線的印花圖案布，
在取花及用法上有著無限可能。
只需運用簡單的手法或花點工夫，就能有很好的視覺效果，
請務必將斉藤流の布料搭配法學起來喔！

## 利用圖案
## 使其變成風景

P.44「森林の智者」的白樺木及P.48「聖誕節の回憶」的螺旋，就是選擇直立的樹木與幾何圖案作為基底布，成為襯托主體的風景，請從日常生活中養成鑑賞布料的眼光。

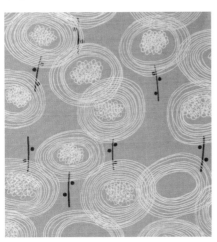

## 以布的正反面
## 表現強弱

P.15「傳遞幸福の小鳥」的基底布就是利用了布的反面，使整體產生穩重的色調。不要忽略了布有正反兩面，可依照情況搭配選擇使用，請隨性地嘗試看看！

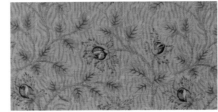

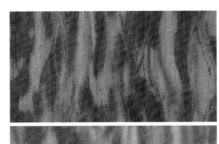

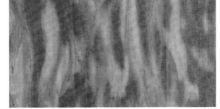

## 沿著圖案
## 壓線

P.8「冬の降臨」與P.10「Kurbits・幻想の花」沿著植物花樣壓線，花樣就如浮雕似的浮出，可產生更精緻的效果。

## 以漸層製造
## 光暈效果

製作P.36「草原の花籃」中的花朵圖案時，越靠近花朵中心顏色越淺，便能製造陰影的效果產生立體感。另外P.14「冬之花」基底布的使用，則使畫面有不同變化，看起來有較複雜的效果。

## 稻穗花樣&木紋
## 展現葉子&枝幹的必要花色

如P.10「Kurbits 幻想の花」與P.40「小鳥家族」裡的葉子與莖、樹枝，就是利用稻穗花樣的線條與木紋的部分作出葉脈與枝條的感覺，沿著花樣刺繡，可更顯精緻。

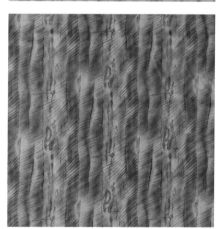

## 淺色花樣
## 讓背景增加微妙的變化

P.24「生命之樹」在淺色纖細線條繪製的圖案上，進行素色貼布縫與刺繡，比完全素色無圖案的布料更多了一點層次變化。

## 沒有不能
## 用在拼布上的布料

P.17「藍花」與P.20「冰晶」的基底布使用的是格紋布，營造出樸素溫暖的感覺。此外，若稍微調整布紋角度，視覺印象又會不同，將大圖案的布料作為基底布或貼布縫，都能營造出很有意思的氣氛。例如P.52「Knacke、Knacke!」看起來質感較為粗糙的布料，也會因為用法不同而作出表情豐富的作品。

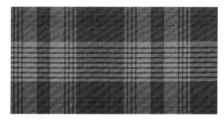

冬の降臨 Vintern har kommit

⌘ 完成尺寸　高12cm 開口寬度約18cm

⌘ 原寸紙型、圖案附錄紙型A面

⌘ 為了便於理解步驟說明，作法圖中選
　擇較明顯的線色作為示範。

⌘ 裁布圖

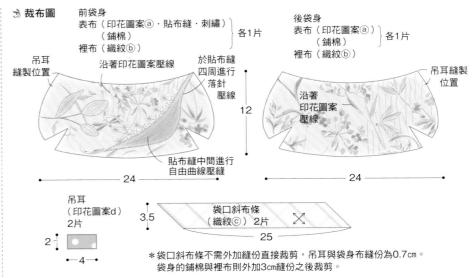

前袋身
表布（印花圖案ⓐ・貼布縫・刺繡）（鋪棉）
裡布（織紋ⓑ） ｝各1片

吊耳
縫製位置

沿著印花圖案壓線

於貼布縫四周進行落針壓線

12

後袋身
表布（印花圖案ⓐ）（鋪棉） ｝各1片
裡布（織紋ⓑ）

吊耳縫製位置

沿著印花圖案壓線

貼布縫中間進行自由曲線壓縫

24

24

吊耳
（印花圖案ⓓ）
2片

2

4

3.5

袋口斜布條
（織紋ⓒ）2片

25

＊袋口斜布條不需外加縫份直接裁剪，吊耳與袋身布縫份為0.7cm。
　袋身的鋪棉與裡布則外加3cm縫份之後裁剪。

材料

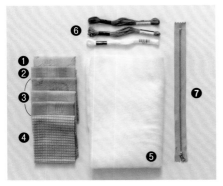

❶木棉布　印花圖案ⓐ…28×26cm
　（袋身表布）

❷木棉布　織紋ⓑ…50×50cm
　（袋身裡布・包邊用斜布條）

❸木棉布　零碼布３種…各適量
　（貼布縫用布）

❹木棉布　織紋ⓒ…17×30cm
　（斜布條）

❺鋪棉…36×30cm

❻25號繡線　白色・淺藍色・綠色
　…各適量

❼拉鍊…長17cm　１條

其他材料　木棉布　織紋ⓓ…7×6cm（吊
耳）、縫線　顏色與布料色調相近、
壓縫線　米色系

## 1　描繪圖案

圖案

參考原寸紙型，在薄紙上描出袋身的輪廓
與貼布縫・刺繡的圖案。在印花圖案ⓐ的
布反面描出袋身的輪廓，外加0.7cm之後
裁剪兩片，作為前袋身表布與後袋身表
布。把圖案放於燈桌上，再放上前袋身
表布，以記號筆描繪出貼布縫與刺繡的圖
案。

※如果沒有燈桌，也可以利用晴天時透明
　的玻璃窗描繪。

## 2　裁剪貼布縫布片

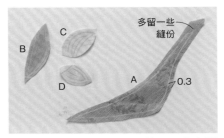

B
C
D
A
0.3
多留一些縫份

貼布縫布片Ａ・Ｂ・Ｃ・Ｄ的正面畫上圖
案，外加3cm縫份之後一一裁下。貼布縫
布片Ａ的根部要與袋身布邊緣接合，所以
需要多留一些縫份。

## 3　製作貼布縫

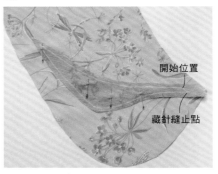

開始位置

藏針縫止點

1 在表布圖案位置上對齊貼布縫A的完成
線，別上珠針固定。

始縫處

**2** 以針尖把藏針縫位置的縫份往內摺入，從背面入針。於開始位置的貼布縫布片摺線邊緣出針，一邊挑縫表布與貼布縫布片，一邊藏針縫固定，縫至弧線之前。

**藏針縫**

②在摺線下方入針。

①在摺線上出針。

針趾不要從正面露出來

**3** 在弧線部份的縫份上剪三個淺的牙口。

**4** 繼續一邊把縫份往內塞，一邊進行藏針縫，縫至尖角位置，拉緊縫線。

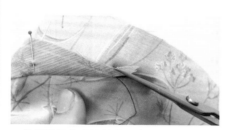

**5** 依照縫份寬度修剪多出來的縫份。

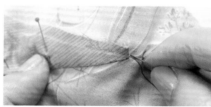

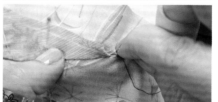

**6** 分三次將尖端的縫份往內塞，作出角度。

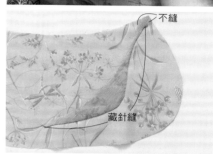

不縫

藏針縫

**7** 繼續以步驟**4**的針把縫份往內摺入，進行藏針縫至作記號的位置，與表布縫份重疊的部分則不縫。

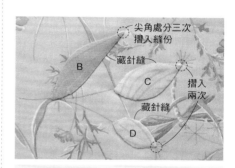

尖角處分三次摺入縫份

藏針縫

B

C

摺入兩次

藏針縫

D

**8** 沿著貼布縫布片B・C・D四周進行藏針縫，作法與貼布縫布片A的縫法相同，前袋身表布即完成。

065

# 4 製作刺繡

※將要刺繡的部分夾在刺繡框內再開始製作。

※繡線先打結之後再開始製作，完成之後則在刺繡圖案背面打結。

※刺繡的針法·配色請參考附錄紙型中的圖案。

以輪廓繡從根部往花朵的方向繡出小花的莖，然後繼續製作花朵（輪廓繡）·花心（法式結粒繡）。花朵全部製作完成後，在花的根部隨意地進行十字繡，接著以輪廓繡製作大花的莖幹及貼布縫的四周。

# 5 三層重疊之後進行疏縫

※如果沒有平板可在地上製作。

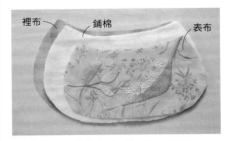
裡布　　鋪棉　　表布

**1** 參考P.64的裁布圖，準備裡布與鋪棉。

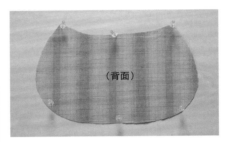
（背面）

**2** 在平板上將裡布背面朝上攤開，四周以疏縫用珠針固定。

**3** 在裡布的上方疊上鋪棉，拔起剛剛釘在裡布上的疏縫用珠針，別在鋪棉上，然後再把表布疊放在正中央，拔起疏縫用珠針，別在表布四周。

打結

**4** 開始疏縫。疏縫線打結後從正中心入針，向左側以大針趾連同裡布一起挑縫，最後一針請回針，留2至3cm的線頭，剪掉。

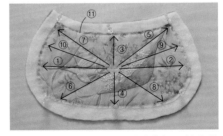

**5** 接著朝另一側的中心點（②），然後依照（③至⑩）的順序作疏縫，最後縫至外圍的完成線上（⑪）。

---

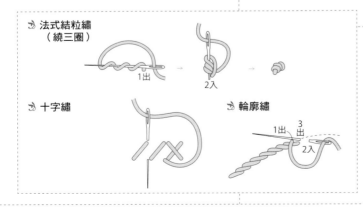

*ふ* **法式結粒繡**
（繞三圈）

1出　　2入

*ふ* **十字繡**

*ふ* **輪廓繡**

1出　3出

2入

## 疏縫的重點技巧

湯匙的底側壓著布料，針尖抵著湯匙，藉由將湯匙往上抬，就能輕鬆抽出針，利用這個訣竅，一針一針，一邊抽出針一邊疏縫，順暢地進行動作。

# 6 壓線

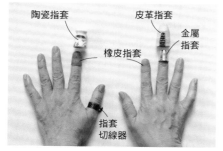

**1** 為了保護手指，在指頭戴上各種工具。

陶瓷指套　皮革指套　金屬指套　橡皮指套　指套切線器

**2** 開始壓線。翻出拼布板柔軟的那一面，放在桌上，像掛在桌子邊緣似的把拼布作品放上之後，以文鎮壓住固定一端，壓線要從中心往外，將皺褶往外推。

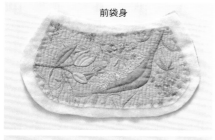
前袋身

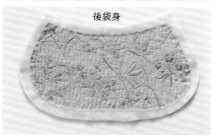
後袋身

**3** 沿著基底布的圖案進行自由曲線，接著在貼布縫布片中壓線作出葉脈的感覺，（也可以沿著花色圖案的邊緣壓線），最後在貼布縫四周或刺繡圖案的一側進行落針壓縫，壓線完成之後就可以拆掉四周的疏縫線。

## 壓線的始縫與止縫

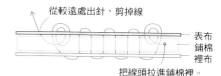
從較遠處出針，剪掉線
表布
鋪棉
裡布
把線頭拉進鋪棉裡。

### 壓線的始縫

**1** 壓縫線的線頭打結後，於離開始位置有點距離的位置入針，針從鋪棉中穿過，在比開始位置多一針的地方出針，拉緊縫線，線頭就被拉進鋪棉中。

**2** 往回一針處入針，連同鋪棉一起挑縫，然後於步驟 **1** 的位置出針。

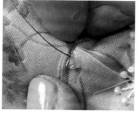

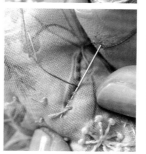

**3** 再回到步驟 **2** 的位置入針，連同裡布一起挑縫，出針，依此方式沿著印花圖案的邊緣（壓線線條）進行平針縫。

### 壓線止縫點

**1** 最後連同裡布一起挑縫，於多一針處出針。

**2** 回一針之後，連同鋪棉一起挑縫，然後於步驟 **1** 的位置出針。

**3** 再回到步驟 **2** 的位置入針，針從鋪棉中穿過，在稍微遠一點的位置出針，沿著布的邊緣剪掉縫線。

※ 建議選用與基底布色系相近的壓縫線，作起來會很漂亮，也可以選擇比基底布顏色深一點的壓縫線。

# 7 製作褶子，袋口處以斜布條裝飾處理

**1** 袋身裡布的四周疏縫固定，放上紙型，確認周圍已留0.7cm的縫份，以記號筆畫出完成線。

※袋身會因為壓線而縮小，所以也有可能會變得比原寸紙型稍小，此時，請修小紙型讓表布依舊保有0.7cm縫份。

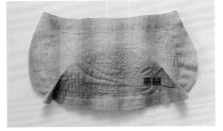

**2** 抓住褶子，縫至完成線的0.7cm外側。

**3** 使前袋身的褶子倒向內側，連同鋪棉一起挑縫，以立針縫縫至完成線外側0.7cm處。後袋身的褶子倒向外側，依照相同方法以立針縫固定。

**4** 準備處理袋口側用的斜布條兩片。（裁法請參考下圖）

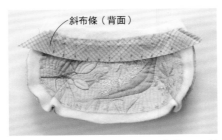

**5** 步驟**4**的斜布條正面相對對齊袋口，斜布條的縫線與袋口的完成線對齊之後，以珠針固定。（不作疏縫，可以別得密一點）

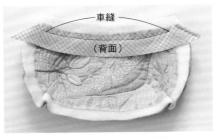

**6** 沿著斜布條的縫線，從完成線的0.7cm外車縫至另一側的0.7cm外。（若採手縫請以回針縫縫製）

**7** 斜布條的兩端對齊，剪掉多餘的鋪棉與裡布。

---

## 斜布條的裁法

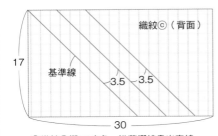

①織紋ⓒ摺45度角，沿著摺線畫出直線，這條即為基準線。
②從基準線開始間隔3.5cm畫線。

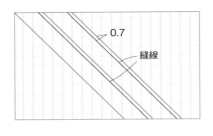

③往內0.7cm處畫出縫線。

⌇ 立針縫

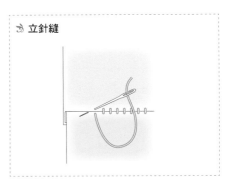

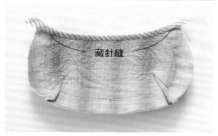

藏針縫

**8** 翻出袋身裡側，斜布條摺三褶之後，使摺線為斜布條的縫線處，以珠針固定，連同鋪棉一起挑縫，從完成線的0.7cm外進行藏針縫，縫至另一側的0.7cm外。

**9** 後袋身的袋口處也依照相同的方式包邊。

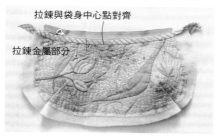

拉鍊與袋身中心點對齊

拉鍊金屬部分

**1** 拉鍊的中心點與袋身中心點對齊後以珠針固定。使拉鍊的金屬部分不會露出，中心點對齊袋身中心點後，密密地別上珠針固定。

0.5

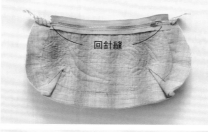

回針縫

**2** 翻出袋身裡側，挑縫拉鍊的兩條織線，連同鋪棉，進行回針縫，從完成線的0.5cm外縫至另一側的0.5cm外。

 回針縫

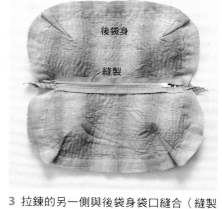

後袋身

縫製

**3** 拉鍊的另一側與後袋身袋口縫合（縫製方式與步驟**1**至**2**相同）。

藏針縫

藏針縫

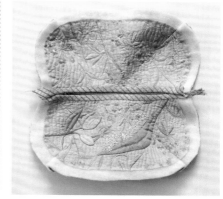

**4** 以藏針縫固定拉鍊的邊緣，縫上拉鍊。

# 9 完成

摺雙 （背面） 0.7

①布正面相對，對摺，於往內0.7cm處進行車縫。

燙開縫份

正面

②翻回正面，把縫線放在中間，整理一下形狀。

摺雙

1

疏縫

③把縫線放在內側對摺，在下方1cm處疏縫。

**1** 參考圖製作 2個吊耳。

疏縫　前袋身　摺雙　疏縫

**2** 在前袋身的滾邊下方疏縫固定吊耳，對齊邊緣的完成線，以大針稍作固定。

縫製

**3** 前袋身與後袋身布正面相對，從邊緣處開始車縫袋底。

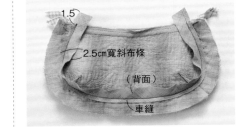

1.5

2.5cm寬斜布條

（背面）

車縫

**4** 以織紋ⓑ（與裡布一樣的布料）製作2.5cm寬的斜布條，長約45至50cm。從布邊往內0.7cm畫出縫線，這條斜布條的縫線與步驟**3**的縫線對齊，布正面相對，從布邊車縫至布邊。

修剪

**5** 斜布條的兩端對齊，剪掉多餘的鋪棉與裡布。

包住拉鍊的邊端

**6** 上側的斜布條留1.5cm，其餘剪掉，以剩下的斜布條包覆拉鍊邊端。

前袋身

**7** 以斜布條確實地包住縫份，倒向前袋身，以珠針固定。

※縫份重疊在一起比較厚，可利用錐子輔助包覆。

上端也要藏針縫　　藏針縫

前袋身

藏針縫

**8** 連同鋪棉一起挑縫，邊緣進行藏針縫，斜布條的兩端也以藏針縫固定。

※以斜布條包覆縫份時，不要一次就包覆住全部的縫份，可以包住3至4cm，藏針縫之後，繼續包覆一段，再進行藏針縫，重複動作進行藏針縫，較容易操作。

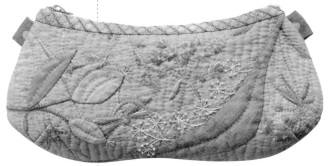

**9** 翻到正面整理形狀，完成！

# 藍花 Blå blomma

♨ 完成尺寸
　高13.5cm 寬22cm 袋底寬10.8cm
♨ 原寸紙型、圖案附錄紙型A面
♨ 為了便於理解步驟說明，作法照片中
　選擇較明顯的線色作為示範。

材料
❶木棉布　織紋ⓐ…16×50cm（袋身表布）
❷木棉布　織紋ⓑ…13×35cm（側身表布）
❸木棉布　印花圖案…30×50cm（裡布）

❹木棉布　零碼布數種…各適量
　（貼布縫用布）
❺鋪棉…30×50cm
❻有膠布襯…11×32cm
❼25號繡線　深灰色…適量
❽口金…16cm寬　1個
❾附間號鉤的提把　白色…長19cm、
　寬1cm　1條
❿圓環…2個
其他材料　縫線 與布料色調相近的顏色、
壓縫線 米色、口金線 焦茶色

♨ 裁布圖

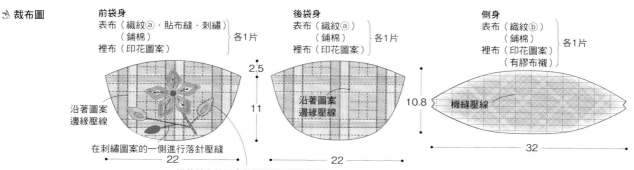

前袋身
表布（織紋ⓐ・貼布縫・刺繡）
（鋪棉）
裡布（印花圖案）
}各1片

2.5
11

沿著圖案
邊緣壓線

在刺繡圖案的一側進行落針壓縫
22

沿著貼布縫圖案的邊緣進行落針壓縫
＊底的接著襯請直接剪裁，其他部分請外加縫份0.7cm。

後袋身
表布（織紋ⓐ）
（鋪棉）
裡布（印花圖案）
}各1片

沿著圖案
邊緣壓線

22

側身
表布（織紋ⓑ）
（鋪棉）
裡布（印花圖案）
（有膠布襯）
}各1片

10.8

機縫壓線

32

# 1 製作袋身與側身

♨ 圖1

裡布　鋪棉

表布（背面）

①表布與裡布正面相對，
在裡布的背面再疊上鋪棉，
留返口，縫製四周。

縫製0.7cm處

留表袋返口不縫

②沿著縫線邊緣
修剪鋪棉。

♨ 圖2

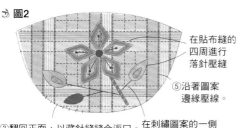

在貼布縫的
四周進行
落針壓縫

⑤沿著圖案
邊緣壓線。

③翻回正面，以藏針縫縫合返口。
④疏縫。

在刺繡圖案的一側
進行落針壓縫

**1** 在前袋身表布上進行貼布縫與刺繡（請
參考原寸圖案與裁布圖）。表布與裡布正
面相對。在裡布的背面再疊上鋪棉，疏
縫。參考圖1・圖2的①至⑤作好前袋身。

♨ 圖3

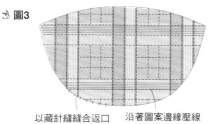

以藏針縫縫合返口　沿著圖案邊緣壓線

**2** 後袋身表布只需裁一片布，參考
前袋身的圖①至④，依照相同方法
縫製。沿著織紋圖案邊緣壓線（圖
3）。

♨ 圖4

鋪棉
表布
裡布

0.7　留表袋返口不縫

③沿著縫線邊緣
修剪鋪棉。

剪牙口

有膠布襯

①在裡布背面
貼上布襯。

②表布與裡布正面相對，
在裡布的背面再疊上鋪棉，
留返口，縫製四周。

⑤翻回正面，以藏針縫縫合返口。

④V字形部分的
縫份剪牙口。

**3** 製作側身，請參考圖4的①
至⑥製作。

表布（正面）

⑥疏縫之後，機縫壓線。

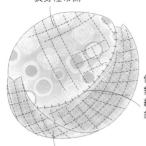

袋身裡布側

側身與袋身
對齊，以捲針縫
縫合，接著以藏
針縫挑縫裡布。

側身表布

**4** 前側身對齊，從內側挑縫以捲針縫縫合表布，接著以藏針縫挑縫裡布。

**5** 步驟**4**的側身的另一側與後袋身對齊，依照相同的方式縫合，即完成袋身。

🧵 捲針縫

🧵 藏針縫

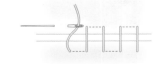

## 2 將口金縫上袋口

**1** 在袋身袋口側作出中心點記號，打開口金，口金的中心點對齊袋身中心點，以錐子將一邊的袋口布塞入口金的溝槽中。

入針

出針

**2** 穿過口金的孔，依序在袋口的中央與兩脇邊及中間部分（約3至4處）假縫固定。取2條疏縫線，線頭打結，從裡側入針穿過口金的孔後穿出表布，從表布側拉緊縫線，接著從表布側沿著邊緣入針，從裡側出針，拉緊縫線，再重覆一次，把打結處留在裡側之後，剪掉縫線。

**3** 以步驟**2**的方式固定兩端，一次縫製一邊。

（表布）

（裡布）

**4** 取1條口金線，線頭打結，從裡布入針，穿過口金的孔穿出表布，拉緊縫線，將打結處拉進口金裡藏住，以平針縫的方式，一次穿一個洞，一個一個縫好，此時可以利用錐子，一邊把袋口布塞入口金溝槽中，一邊進行縫製。

🧵 平針縫

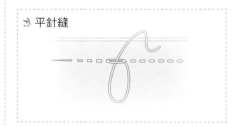

**5** 縫至口金最後一個洞後,再往回縫,縫至另一側,就像回針縫的效果,口金的另一邊也依照相同方法與另一側袋口縫合。

前片

後片

**6** 袋口縫上口金。

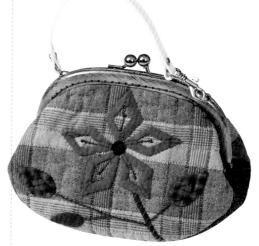

在口金上的小環處裝上圓環,鉤上問號鉤,另一側鉤入提把的圓環即完成。

# 莖幹的貼布縫縫法

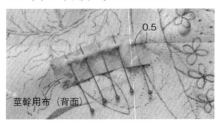

莖幹用布(背面)

**1** 莖幹的圖案線右側與莖幹用布的縫線(圓弧內側)對齊之後,布正面相對。以珠針別到靠近花朵側0.5cm處及靠近根部側0.5cm處,如果有多餘的莖幹用布,則修剪掉。

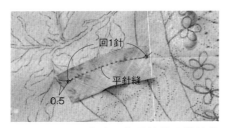

回1針
平針縫
0.5

**2** 以平針縫從花的地方開始縫至根的位置,始縫點與止縫點都要回1針。

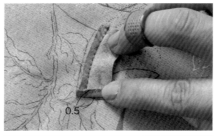

0.5

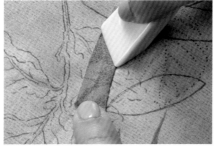

**3** 將根部一側往內摺0.5cm,作出摺線後翻回正面,以直線用骨筆平的部分沿著縫線壓,縫份就能平順地倒下。

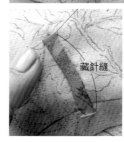

藏針縫

**4** 以針尖把莖幹用布縫份往內摺,對齊圖案的的寬度,以藏針縫縫至根部轉角位置。

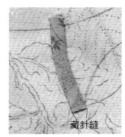

藏針縫

**5** 以針尖將根部0.5cm的縫份往內側摺入,以藏針縫縫出莖幹的寬度,莖幹的貼布縫縫製完成。

073

雪の庭園 Snö i trädgården

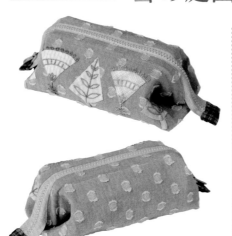

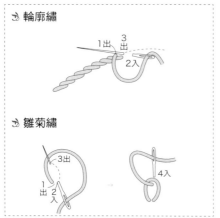

➷ 完成尺寸
　高8.5cm、寬25cm、側身寬8cm
➷ 原寸紙型、圖案附錄紙型B面
➷ 為了便於理解步驟說明，作法圖中選
　擇較明顯的線色作為示範。

材料
❶木棉布　織紋ⓐ…27×27cm
　（袋身表布）
❷木棉布　織紋ⓑ…30×27cm
　（袋身裡布・包覆拉鍊兩端用布）
❸木棉布　零碼布片數種…各適量
　（貼布縫用布）
❹有膠布襯…25×25cm
❺25號繡線　淺黃綠色・黃綠色…各適量
❻拉鍊…長度30cm　1條
❼ㄇ形口金…1組
※ㄇ形口金的形狀請參考P.76。
其他材料　縫線　與布料色調相近的顏色

➷ 輪廓繡

➷ 雛菊繡

➷ 裁布圖

袋身
表布（織紋ⓐ・貼布縫・刺繡）
裡布（織紋ⓑ）　　　　　　各1片
　　（有膠布襯）

包覆拉鍊
兩端用布
（織紋ⓑ）2片

縫製21cm拉鍊的位置
放入ㄇ字形口金位置
止縫點
8.5
貼布縫　刺繡
4
4
4
8
裡布返口
5
放入ㄇ字形口金位置
止縫點
8.5
縫製21cm拉鍊的位置
布邊車縫
車縫
開口
止縫點
2　1.5　1.5　2
1　1.5
25

1.5
6

1
在袋身表布上製作貼布
縫與刺繡。

1 以織紋ⓐ布依照裁布圖，外加0.7cm裁成
袋身表布，在正面依照附錄的原寸貼布縫
圖案與刺繡圖案描出記號，在貼布縫用布
（零碼布片）上描出圖案後，外加0.3cm
縫份，裁下。

圖案線
②重疊的
樹木部分不需
藏針縫。
①以貼布縫製作樹幹
（請參考P.73）。

尖角處要分三次
把縫份往內摺，
作出角度。
③將周圍的縫份
往內側摺入藏針縫。
尖角處要分兩次
把縫份往內摺
④在樹木的部分
描繪圖案，
製作刺繡。

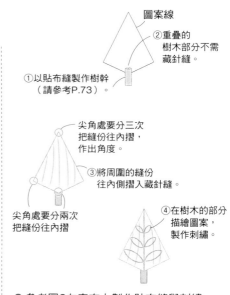

2 參考圖2在表布上製作貼布縫與刺繡。

貼布縫與刺繡
縫製完成

# 2 準備袋身裡布

貼上布襯

以織紋ⓑ布依照裁布圖外加0.7cm後裁成裡布，背面燙貼布襯（不需外加縫份）

# 3 製作袋身

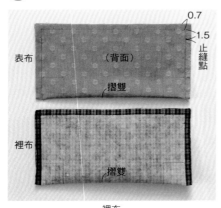

0.7
1.5
止縫點
表布（背面）
摺雙
裡布
摺雙

裡布
1.5
1
留5cm返口不縫
摺雙

1 袋身的表布與裡布各自正面相對，車縫兩側到止縫點。

沿著布邊車縫

2 表布與裡布的縫份燙開，車縫開口邊緣。

---

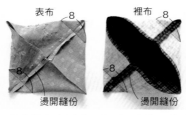

表布 8　裡布 8
8　8
燙開縫份　燙開縫份

3 袋底轉角處抓成三角形，車縫側身寬8cm，表布與裡布作法相同。

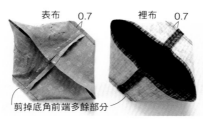

表布 0.7　裡布 0.7
剪掉底角前端多餘部分

4 從步驟 3 側身的縫線處算0.7cm為縫份，其餘部分剪掉。

---

5 另一側也是從一端縫至另一端。

# 4 縫上拉鍊

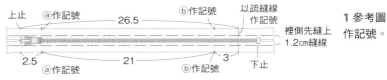

上止　ⓐ作記號　　26.5　　ⓑ作記號　以疏縫線作記號
裡側先縫上1.2cm縫線
2.5　ⓐ作記號　　21　　ⓑ作記號　3　下止

1 參考圖示在拉鍊上作記號。

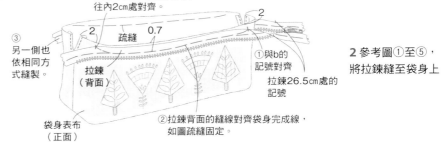

①袋身與拉鍊正面相對，拉鍊布上的a記號與袋身往內2cm處對齊。
③另一側也依相同方式縫製。
2　疏縫　0.7　　2
拉鍊（背面）
ⓐ與ⓑ的記號對齊
拉鍊26.5cm處的記號
袋身表布（正面）
②拉鍊背面的縫線對齊袋身完成線，如圖疏縫固定。

2 參考圖①至⑤，將拉鍊縫至袋身上

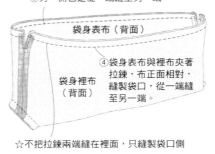

⑤另一側也是從一端縫至另一端。
袋身表布（背面）
④袋身表布與裡布夾著拉鍊，布正面相對，縫製袋口，從一端縫至另一端。
袋身裡布（背面）
☆不把拉鍊兩端縫在裡面，只縫製袋口側

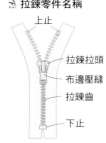

➷ 拉鍊零件名稱
上止
拉鍊拉頭
布邊壓縫
拉鍊齒
下止

布邊車縫　車縫　1.5

**3** 從裡布的返口翻回正面，整理形狀，返口的縫份往內摺好，以藏針縫縫合返口，整理形狀讓表布完整翻出，於袋口處沿著布邊壓縫，在下方1.5cm處放入ㄇ形口金位置車縫一條裝飾線。

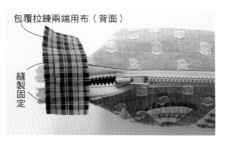

包覆拉鍊兩端用布（背面）

縫製固定

包覆拉鍊兩端用布

拉鍊縫製止點

（背面）

1.5　3　縫製

拉鍊的下止與完成線對齊，縫製固定。

袋身後片

拉鍊縫製止點

袋身前片

**4** 拉鍊拉開一半。在拉鍊下止位置，正面相對放上包覆拉鍊兩端用布，沿著完成線縫製3cm（請參考圖示）。

縫製固定

**5** 在拉鍊的另一端，於縫線記號位置放上包覆拉鍊兩端用布，拉鍊的前端要對齊完成線，沿著完成線車縫3cm。

1.5

**6** 從距離縫線1.5cm處剪掉多餘的拉鍊，另一側也依相同方式製作。

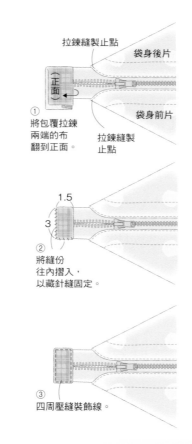

拉鍊縫製止點

袋身後片

（正面）

① 將包覆拉鍊兩端的布翻到正面。

拉鍊縫製止點

袋身前片

1.5

3

② 將縫份往內摺入，以藏針縫固定。

③ 四周壓縫裝飾線。

**7** 參考圖①至③，以布包覆拉鍊的兩端。

**5** 放入ㄇ形口金，完成最後修飾。

**1** 放入ㄇ形口金的開口處的一側，與兩片對齊的表布一起進行捲針縫，裡布也作捲針縫，將口金穿入另一側的開口。

**2** 穿過口金之後，還未捲針縫的一側，參考步驟**1**的作法進行捲針縫，完成！

小鳥家族 Familjen småfåglar

### 完成尺寸
高29cm、寬65cm

### 原寸紙型、圖案附錄紙型B面

### 為了便於理解步驟說明，作法照片中選擇較明顯的線色作為示範。

### 材料
❶木棉布　織紋ⓐ…18×67cm
　　（拼縫布片㋙・㋡）
❷木棉布　織紋ⓑ…50×110cm
　　（裡布・包邊布・掛鉤布）
❸木棉布　印花圖案…50×70cm
　　（拼縫布片㋛・㋞・鳥的拼縫布片）
❹木棉布　零碼布數款…各適量
　　（鳥的拼縫布片）
❺拼布鋪棉…35×71cm
❻25號繡線　深藍色・茶色・紅褐色・
　　　米色…各適量
其他材料　縫線 與布料色調相近的顏色

### 裁布圖
表布（拼布）
　（鋪棉）　各1片
裡布（織紋ⓑ）

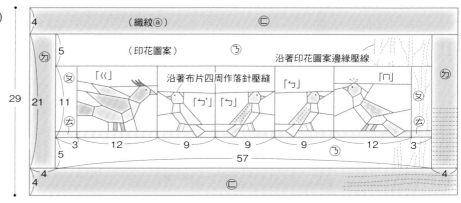

掛鉤布
（織紋ⓑ）4片

5
5
不需外加
縫份

＊拼縫布片縫份為0.7cm，鋪棉與裡布則為3cm。
　包邊用斜布條為3.5cm寬 66.5cm長2條（斜布條「1」）
　30.5cm長2條（斜布條「2」）
　掛鉤布不需外加縫份直接裁剪

## 1 圖案「ㄅ」製作小鳥小朋友

※拼縫布片的始縫點與止縫點要回一針

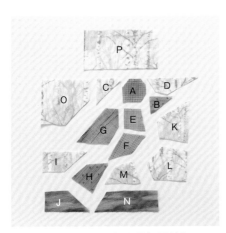

**1** 請參考原寸紙型，各布片都需外加0.7cm的縫份再裁剪。

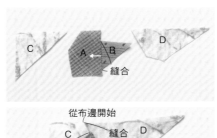
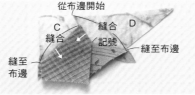

**2** 布片A與布片B 以從記號縫至記號的方式縫合，縫份倒向布片A側。這個圖塊與布片C以布邊縫至布邊的方式縫合，縫份倒向圖塊，再與布片D以布邊縫至布邊的方式縫合，縫份倒向圖塊，完成圖塊❶。

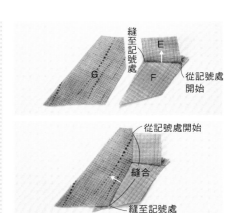

**3** 製作圖塊❷，布片E與布片F以從記號縫至記號的方式縫合，縫份倒向布片E。此圖塊與布片G以布邊縫至記號的方式縫合，縫份倒向布片G。

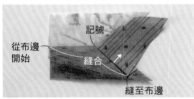

**4** 製作圖塊❸，布片H與布片I 以從布邊縫至布邊的方式縫合，縫份倒向布片H，接著再與布片J以布邊縫至布邊的方式縫合，縫份倒向圖箭頭一側。

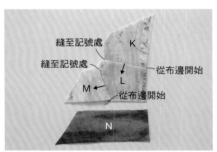

**5** 製作圖塊❹，布片K與布片L以從布邊縫至記號的方式縫合，縫份倒向布片L，接著布片L與布片M以布邊縫至記號的方式縫合，縫份倒向布片M，此圖塊與布片N以布邊縫至布邊的方式縫合，縫份倒向布片N。

**重點技巧**
縫合各圖塊的時候，如果縫至縫份，就無法決定縫份倒向，因此拼縫時要避開縫份。

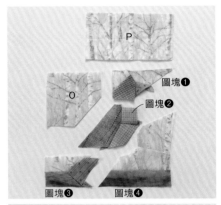

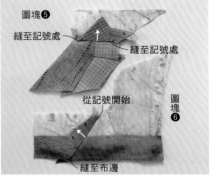

**6** 圖塊❶至❹與布片O‧P接在一起即完成此圖案，一開始圖塊❶與圖塊❷以從記號縫至記號處的方式縫合之後，縫份倒向圖塊❶，此為圖塊❺。接著圖塊❸與圖塊❹以從記號縫至布邊的方式縫合，縫份倒向圖塊❸，此為圖塊❻。

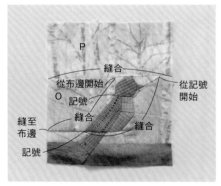

**7** 圖塊❺與圖塊❻以從記號縫至記號的方式縫合，縫份倒向圖塊5，這個圖塊與布片O以從布邊縫至記號，從記號再到布邊的方式縫合，縫份倒向箭頭方向，最後跟布片P以從布邊縫至布邊的方式縫合，縫份倒向圖塊，圖案「ㄅ」便製作完成。
圖案「ㄅ'」則是反轉圖案製作而成。

# 2 圖案「巛」製作小鳥爸爸

**1** 參考原寸紙型，各布片外加0.7cm縫份之後裁剪。

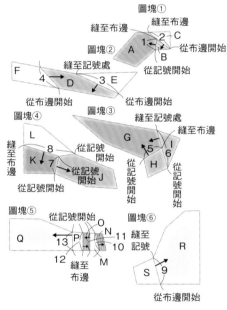

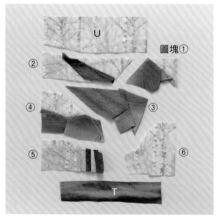

**2** 縫合各布片，參考圖示作好6個圖塊。

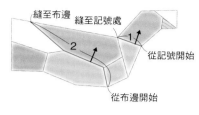

縫至布邊　縫至記號處
2　1　從記號開始
從布邊開始

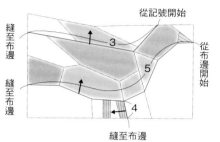

從記號開始
縫至布邊　3
5
從布邊開始
縫至布邊
縫至布邊　4
縫至布邊

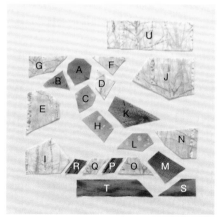

記號
縫至布邊　6
從記號開始
縫至布邊　從記號開始
7

**3** 各圖塊依照圖中 **1** 至 **7** 的順序縫合，完成圖案製作。

# 3 圖案「ㄌ」 製作小鳥媽媽

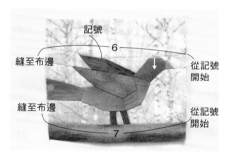

**1** 參考原寸紙型，各布片外加0.7㎝縫份之後裁剪。

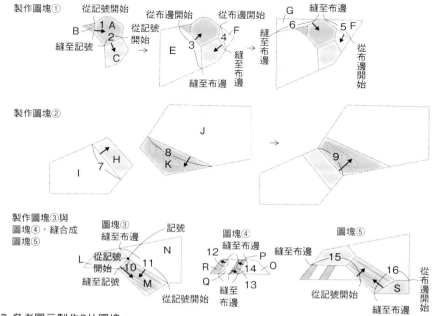

製作圖塊①
從記號開始
B　1　A
2
縫至記號　C
從記號開始
從布邊開始　從布邊開始
E　3　4　F
縫至布邊
縫至布邊
G　縫至布邊
6　5　F
縫至布邊
從布邊開始

製作圖塊②
I　7　H
J
8
K
9

製作圖塊③與
圖塊④，縫合成
圖塊⑤
圖塊③
縫至布邊　記號
L　N
從記號開始　10　11
縫至記號　M
從記號開始

圖塊④
縫至布邊　縫至布邊
12　P
R　14　O
Q　13
縫至布邊

圖塊⑤
縫至布邊
15　16
從記號開始　S
縫至布邊
從布邊開始

**2** 參考圖示製作3片圖塊。

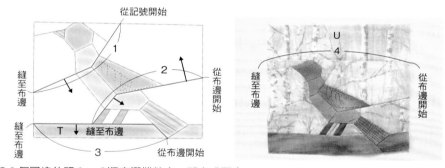

從記號開始
縫至布邊　1
2
縫至布邊　從布邊開始
縫至布邊
T　縫至布邊
3
從布邊開始

U　4
縫至布邊
從布邊開始

**3** 3個圖塊依照 **1**～**4** 順序摺雙縫合，即完成圖案。

# 4 製作表布，完成拼布。

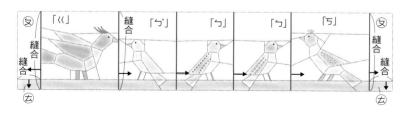

（又）
「巜」　縫合　「ㄅ'」　「ㄅ」　「ㄌ」
（又）
縫合
縫合　縫合
（去）　（去）

**1** 在各圖案上刺繡（參考原寸圖案）。製作兩片由布片（又）與布片（去）縫合而成的圖塊，將圖案「ㄅ」「ㄅ'」「巜」「ㄌ」橫向接合。左右再接上布片（又）與布片（去）縫合而成的圖塊，就完成了中間的圖塊了！縫份倒向箭頭方向。

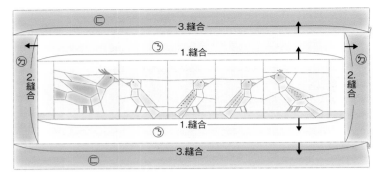

2 步驟1中間的圖塊上下與布片③，四周與布片⑦・
⓪片，依此順序縫合製作表布。

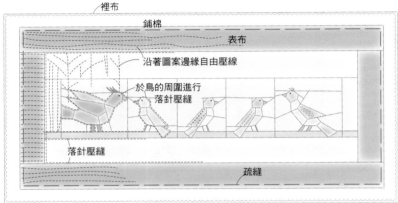

3 裡布・鋪棉與步驟2中的表布三層疊在一起疏縫
（疏縫方法請參考P.83 Kurbits・幻想の花），壓
線之後拆掉四周的疏縫線。

④斜布條「2」與表布的橫向
側正面相對，從記號縫至
記號。

⑤沿著斜布條「2」的布邊，
修剪裡布・鋪棉。

⑥斜布條「2」翻至裡布，
上下往內摺入0.7cm的縫份，
接著包覆縫份以藏針縫固定。

⑦另一側橫向側
也用斜布條「2」
包邊。

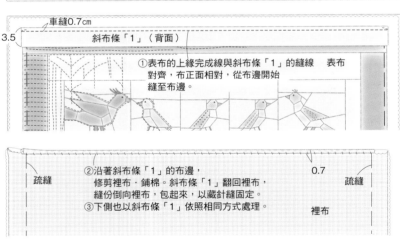

①表布的上緣完成線與斜布條「1」的縫線
對齊，布正面相對，從布邊開始
縫至布邊。

②沿著斜布條「1」的布邊，
修剪裡布・鋪棉。斜布條「1」翻回裡布，
縫份倒向裡布，包起來，以藏針縫固定。
③下側也以斜布條「1」依照相同方式處理。

4 以斜布條「1」・「2」包覆四周縫份

5 製作掛鉤布。
以藏針縫固定在裡
布一側，縫的時候
針要挑縫至鋪棉，
完成。

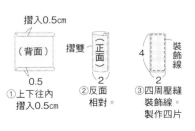

①上下往內
摺入0.5cm

②反面
相對。

③四周壓縫
裝飾線。
製作四片

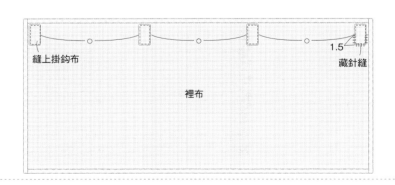

作品 ◄ P.010 # Kurbits・幻想の花　Mina kurbitsar

- 完成尺寸　高139.4cm、109.4cm
- 原寸紙型、圖案附錄紙型D面
- 為了便於理解步驟說明，作法照片中選擇較明顯的線色作為示範。

**材料**

❶木棉布　零碼布片數款…各適量（拼縫布片・貼布縫用布・貼布縫基底布）
❷木棉布　印花圖案…110cm寬　120cm（邊條布A、B・小邊條①・②）
❸木棉布　織紋◁…110cm寬　300cm（裡布）
❹木棉布　織紋⊤…3.5cm寬斜布條　500cm（包邊用斜布條）
❺鋪棉…120cm寬　150cm
❻25號繡線　喜好的顏色數款…各適量

**裁布圖**

※邊條布・小邊條①・②的縫份為1cm，裡布與鋪棉的縫份為5cm。拼縫用布片的縫份為0.7cm，貼布縫布片的縫份為0.3至0.4cm。莖幹的貼布縫則裁成1.2至1.5cm的斜布條。

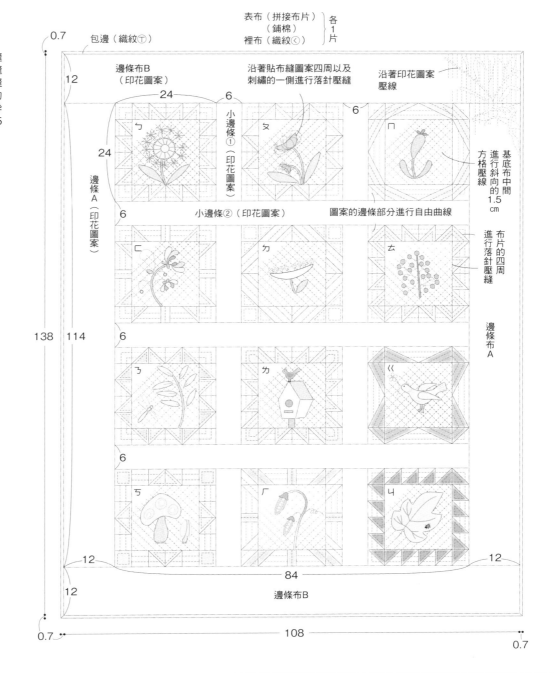

表布（拼接布片）
（鋪棉）
裡布（織紋◁）
各1片

0.7
包邊（織紋⊤）
12
邊條布B（印花圖案）
沿著貼布縫圖案四周以及刺繡的一側進行落針壓縫
沿著印花圖案壓線
24
24
ㄅ
小邊條①（印花圖案）
ㄆ
ㄇ
6
6
方格壓線
進行斜向的1.5cm
基底布中間
邊條A（印花圖案）
6
小邊條②（印花圖案）
圖案的邊條部分進行自由曲線
布片的四周進行落針壓縫
ㄈ
ㄉ
ㄊ
138　114
6
ㄋ
ㄌ
ㄍ
邊條布A
6
ㄎ
ㄏ
ㄐ
12
84
12
12
邊條布B
0.7
108
0.7

# 1 製作表布

**1** 參考附錄的原寸紙型與圖案，製作圖案ㄅ～ㄐ。參考P.81的裁布圖，裁剪印花圖案的小邊條①（8片）·小邊條②（3片），請外加0.7cm縫份後再裁剪。製作第一列的圖塊，圖案與小邊條布①都是以從布邊縫至布邊的方式縫合，縫份剪到0.7cm，縫份倒向小邊條1，作成圖塊ⓐ。依照同樣的方法縫合小邊條布①與圖案，縫份倒向小邊條布①，作成圖塊ⓑ。圖案與圖塊ⓐ縫合，縫份倒向小邊條①，此圖塊與圖塊ⓑ縫合，縫份倒向小邊條①，完成第一列的圖塊。

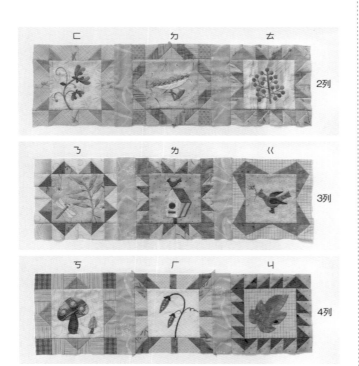

**2** 依照步驟**1**的方法，製作第二列至第四列的圖塊。

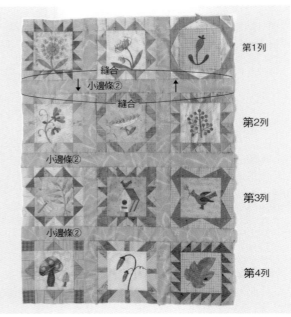

**3** 第一列的圖塊與小邊條布②以從布邊縫至布邊的方式縫合，縫份修剪成0.7cm，縫份倒向小邊條布。接著小邊條布②與第二列的圖塊縫合，縫份倒向小邊條布②，依此方法，夾著小邊條布②，縫合到第四列的圖塊，完成中間的圖塊。

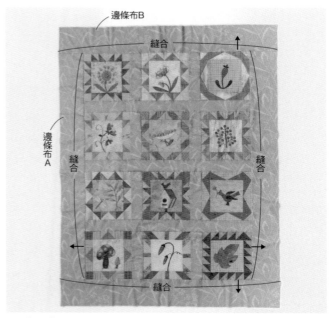

**4** 依照裁布圖A·B，並外加1cm縫份裁剪出印花圖案的邊條布A與邊條布B。步驟**3**的圖塊左邊與右邊與邊條布A，以從布邊縫至布邊的方式縫合，縫份修剪成0.7cm，倒向邊條布A，圖塊的上方與下方與邊條布B，以從布邊縫至布邊的方式縫合，縫份倒向邊條布B，完成表布。

## 2 描繪壓線線條，
將三層布重疊在一起進行疏縫

**1** 參考P.81的裁布圖，在圖案中輕輕地以記號筆畫出壓線線條。若畫得太深，會造成線的髒污，請特別注意，小邊條布與邊條布上則是沿著印花圖案壓線，因此不需作記號。

**3** 取一股疏縫線進行疏縫，線頭打結，從表布的中心點入針，往外並且挑縫至裡布，橫向的以大針趾縫製。最後回縫一針，留2至3cm的縫線，剪掉其餘的線。然後繼續往另一個方向的橫向縫製①，再依照由中心縱向往外縫製②，對角線③，以及中間的空隙④，中間的空隙⑤，最後是完成線的外側⑥，依此順序進行疏縫。

裡布　鋪棉　表布　回一針

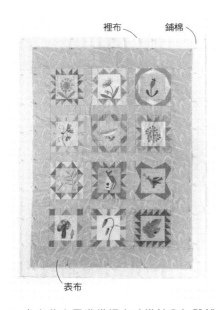

裡布　鋪棉

表布

**2** 參考裁布圖準備裡布（織紋⊙）與鋪棉。將裡布攤於平面（或是地上），攤平使其沒有皺褶，四角及角與角之間以拼布用珠針固定，然後疊上鋪棉，再別上珠針，再於正中間放上表布，以珠針固定，避免三層布位移滑動。
※裡布為148×118cm，但因為沒有118cm幅寬的布料，所以車縫拼接兩片布（縫份倒向一側）作成118cm寬。

## 3 壓線

**1** 以刺繡框將拼布撐開，將壓線布料的中間部分放於刺繡框的內側圓環上，外側的圓環夾著布。沿著圈圈用手壓，把皺褶處往下推，確實地鎖緊螺絲，由下往上推中央的話，會自然地形成山的形狀。

**2** 為了不要因為壓線而弄傷手指，請在手指上戴上工具，以肚子及桌緣抵住刺繡框，在維持刺繡框穩定不動的狀態下進行壓線。一開始從最中心的小邊條布②，再來是圖案的基底布，貼布縫布片的中間，依此順序壓線，刺繡框裡的部分完成後，再把其他部分的布繃到刺繡框中，依照相同的方法壓線，壓線完成後，就可以拆掉四周的疏縫線。
※壓線方法請參考P.67

**1** 以織紋⊤裁剪成3.5cm寬的斜布條,接合成500cm備好待用。

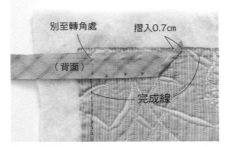

**2** 在拼布的邊條布上畫出完成線,斜布條的布邊往內摺0.7cm,在接近轉角處放上斜布條正面相對,邊條布的完成線與斜布條的縫線對齊,以珠針別到轉角處固定。

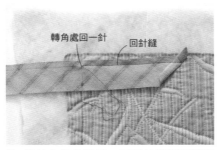

**3** 從斜布條的邊緣,以回針縫縫至轉角處,轉角記號處回一小針,於轉角處出針。

**4** 斜布條的轉角要對齊布的轉角,以珠針固定。

**5** 斜布條摺疊成直角,摺線對齊斜布條的布邊,拼布的完成線與斜布條的縫線對齊,以珠針別到下一個轉角處固定。

**6** 在斜布條轉角記號處入針,另一側的記號處出針(針只挑縫斜布條布)。

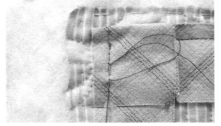

**7** 挑縫至裡布,在轉角處回一小針,在轉角記號位置出針,改變方向,回針縫縫至下個轉角。

**8** 重覆步驟3至7,縫至始縫處之前,最後將斜布條重疊1cm於始縫處,若還有多餘的斜布條,請剪掉,縫製固定剩餘的部分。

**9** 依照斜布條布邊修剪裡布與鋪棉。

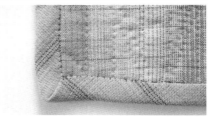

**10** 斜布條翻回正面,摺成三摺,以珠針固定,使摺線與斜布條縫線對齊,轉角處摺成45度角,以藏針縫挑縫至鋪棉層固定。

作品◀ P.014　　**冬の花** Vinterns vackra blomma

⬫ 完成尺寸　高24cm
　（不包含穿繩部分），寬24cm
⬫ 紙型、圖案附錄紙型D面

## 材料

❶ 木棉布　印花圖案…30×40cm
　（拼縫布片A・B、貼布縫基底布）
❷ 木棉布　織紋ⓐ…40×40cm
　（拼縫布片A・C、後袋身表布）
❸ 木棉布　織紋ⓑ…50×30cm
　（裡布）
❹ 木棉布　織紋ⓒ…10×15cm
　（穿繩布）
❺ 木棉布　零碼布片數款…各適量
　（貼布縫用布）
❻ 25號繡線
　灰綠色・深綠色…各適量
❼ 緞帶　深綠色・灰色…0.5cm寬　各65cm
❽ 束繩釦　木製…直徑1.5cm　2個

## 作法

1　參考裁布圖裁好各布片。
2　在貼布縫基底布上製作貼布縫與刺繡。
　縫合拼縫布片A・B・C作成邊條，與貼
　布縫基底布縫合，完成前袋身表布。
3　參考作法圖的①至⑪，製作袋身。

⬫ **裁布圖**

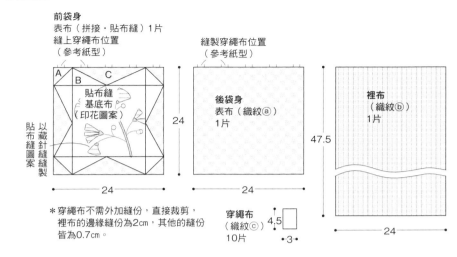

前袋身
表布（拼接・貼布縫）1片
縫上穿繩布位置
（參考紙型）

貼布縫
基底布
（印花圖案）

貼布縫圖案

以藏針縫縫製

縫製穿繩布位置
（參考紙型）

後袋身
表布（織紋ⓐ）
1片

24

裡布
（織紋ⓑ）
1片

47.5

24　　24

＊穿繩布不需外加縫份，直接裁剪，
　裡布的邊緣縫份為2cm，其他的縫份
　皆為0.7cm。

穿繩布
（織紋ⓒ）　4.5
10片　　3

24

⬫ **作法**

0.75

摺雙　車縫　沿著布邊

①穿繩布摺成
四褶，沿著
布邊車縫，
製作10條。

③穿繩對摺，疏縫固定
於縫份處
**前袋身表布**

②縫合前袋身與
後袋身。

後袋身表布（正面）

疏縫固定穿繩布

表布

④與③的表布與裡布
正面相對重疊，
袋口側從記號處縫至
記號處。

裡布（背面）

從記號處縫至記號處

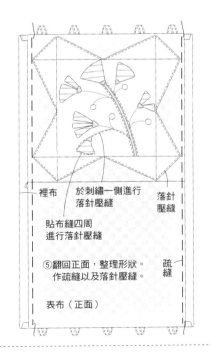

裡布
貼布縫四周
進行落針壓縫
於刺繡一側進行
落針壓縫
落針壓縫

⑤翻回正面，整理形狀。
作疏縫以及落針壓縫。
疏縫

表布（正面）

⑥布正面相對
沿著邊緣車縫，
拆掉疏縫線。

0.7

⑦前袋身裡布
留0.7cm縫份後，
其餘修剪掉。

裡布
（正面）

修剪到0.7cm
摺雙

⑧
以剩下的裡布
包覆住縫份，
藏針縫固定。

表布
裡布

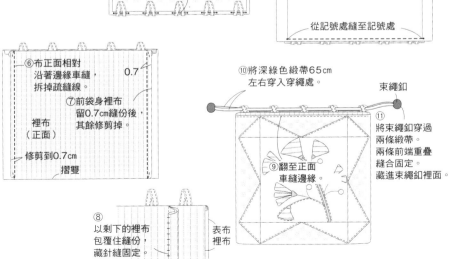

⑩將深綠色緞帶65cm
左右穿入穿繩處。

束繩釦

⑪
將束繩釦穿過
兩條前端重疊
縫合固定。
藏進束繩釦裡面。

⑨翻至正面
車縫邊緣。

# 收集果實 Samla nötter

- ⟡ 完成尺寸　高度36.7㎝ 寬36㎝
- ⟡ 原寸紙型・圖案附錄紙型A面

## 材料

- ❶ 木棉布　織紋ⓐ…40×90㎝
  （拼縫布片・後袋身表布・提把表布）
- ❷ 木棉布　織紋ⓑ…45×110㎝
  （袋身裡布・提把裡布）
- ❸ 木棉布　織紋ⓒ…40×40㎝
  （袋口・提把包邊布・提把補強布）
- ❹ 木棉布　印花圖案4款…各14×14㎝
  （貼布縫基底布）
- ❺ 木棉布　零碼布片數款…各適量
  （拼縫布片・貼布縫用布）
- ❻ 鋪棉…42×90㎝
- ❼ 中等厚度有膠布襯…4×30㎝
- ❽ 25號繡線　原色・綠色・灰色・
  茶色…各適量

## 作法

1. 參考原寸紙型・圖案，裁好各布片。
2. 製作4片圖案，貼布縫基底布上作貼布
   縫與刺繡，拼縫布片作成邊條之後與貼
   布縫基底布縫合，圖案完成。
3. 縫合步驟2的4片圖案，製作成表布。
   裡布・鋪棉・表布三層重疊作疏縫，壓
   線（請參考裁布圖），完成前袋身。
4. 後袋身也是三層疊在一起作疏縫，壓線
   （請參考裁布圖）
5. 參考圖1縫上提把。
6. 前袋身與後袋身布正面相對縫合，車縫
   脇邊與袋底。留一片前袋身裡布，鋪棉
   與後袋身的縫份修剪到0.7㎝，以剩下
   的裡布包覆縫份。（圖2）
7. 袋身袋口進行包邊處理。（圖3）
8. 提把縫在袋身袋口處。（圖3）

⟡ 裁布圖

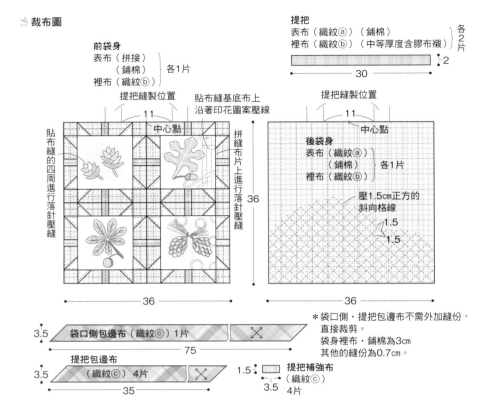

⟡ 圖1

⟡ 圖3

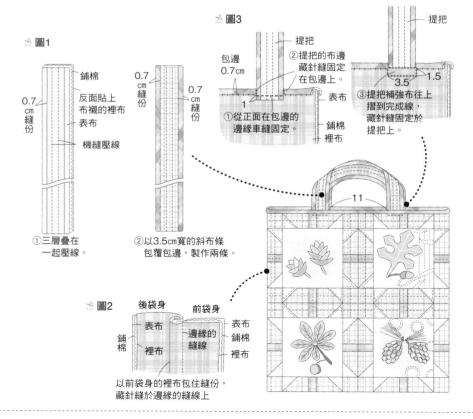

⟡ 圖2

# 風之花 Vindblomma

❧ 完成尺寸　高10.8cm 開口寬16cm
　側身寬6cm
❧ 原寸紙型·圖案附錄紙型A面

## 材料
❶ 木棉布　織紋ⓐ…15×32cm
　（前袋身表布）
❷ 木棉布　織紋ⓑ…22×32cm
　（袋蓋·後袋身表布）
❸ 木棉布　織紋ⓒ…110cm寬　27cm（裡
　布·後側包覆磁釦用布·2.5cm寬斜布
　條）
❹ 木棉布　織紋ⓓ…3.5cm寬斜布條
　19cm（包覆前袋身袋口用斜布條）
❺ 木棉布　兩款印花圖案…各適量
　（貼布縫用布·前側包覆磁釦用布）
❻ 鋪棉…27×70cm
❼ 25號繡線　淡綠色·綠色·淡灰色·
　原色…各適量
❽ 磁釦…直徑2cm　1組

## 作法
**1** 在前袋身與袋蓋·後袋身的表布上製作
　貼布縫與刺繡。（請參考裁布圖）
**2** 前袋身與袋蓋·後袋身與裡布·鋪棉三
　層疊在一起作疏縫，沿著織紋圖案作自
　由壓線，拆掉四周的疏縫線。（圖1）
**3** 以3.5cm寬的斜布條於前袋身袋口包
　邊，前袋身與袋蓋·後袋身正面相對，
　縫合袋底，留一片袋蓋·後袋身裡布，
　袋底縫份修剪到0.7cm，以剩下裡布包
　覆縫份。（圖2·3）
**4** 前袋身與袋蓋·後袋身正面相對，縫合
　脇邊。以織紋ⓒ裁成2.5cm寬、長60cm
　的斜布條。與步驟**3**的袋身布正面相
　對，袋身完成線與斜布條的縫線對齊，
　疏縫，從脇邊往袋蓋方向縫。（圖4）
**5** 依照斜布條的布邊修掉多餘的裡布與
　鋪棉，斜布條翻到正面（往袋蓋·後袋
　身裡布翻），包住縫份以藏針縫固定。
　（圖5）
**6** 於脇邊袋底車縫6cm寬的袋底角，以2.5
　cm寬的斜布條包覆處理縫份。（圖6）
**7** 參考圖7製作磁釦，縫在前袋身正面與
　袋蓋·後袋身的裡側。（請參考原寸紙
　型）

❧ 裁布圖

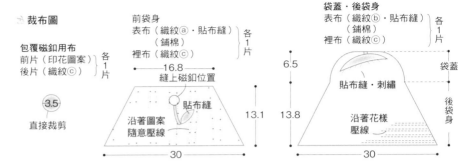

＊包覆磁釦用布不需外加縫份，直接裁剪
　表布縫份為0.7cm，裡布·鋪棉的縫份為3cm。

❧ 圖1

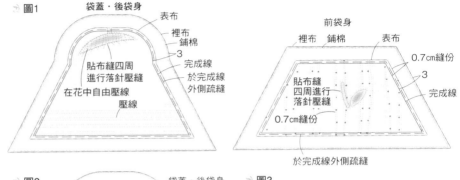

❧ 圖2　　❧ 圖3

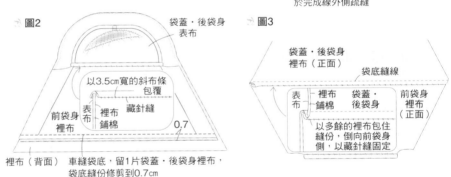

❧ 圖4　　❧ 圖5

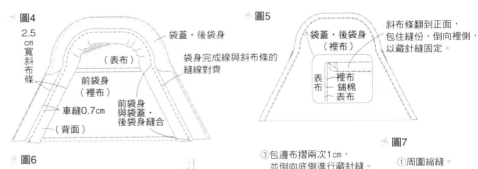

❧ 圖6　　❧ 圖7

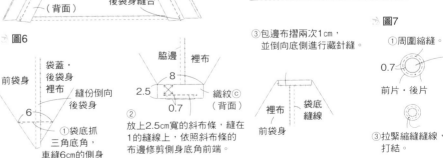

# 傳遞幸福の小鳥 Fågeln bringar lycka

◈ 完成尺寸　高約12cm 寬20cm
◈ 原寸紙型・圖案附錄紙型A面

## 材料

❶ 木棉布　印花圖案ⓐ…22×28cm
（袋身表布）
＊以印花圖案布的反面作為袋身表布
❷ 木棉布　零碼布片5款…各適量
（貼布縫用布）
❸ 木棉布　印花圖案ⓑ…18×55cm
（袋身裡布・拉鍊兩端包覆用布）
❹ 木棉布　織紋…3.5cm寬　斜布條
45cm長（袋口包邊布）
❺ 鋪棉…52×20cm
❻ 拉鍊　黃綠色…18.5cm1條
❼ 25號繡線　黃色・深綠色・黃綠色・
黑色・焦茶色…各適量

## 作法

**1** 參考裁布圖與原寸紙型・圖案，裁好各
布片，在前袋身表布上製作貼布縫與刺
繡。
**2** 裡布・鋪棉・步驟 **1** 作好的表布三層疊
在一起疏縫，壓線。（請參考裁布圖）
**3** 後袋身布同樣疊了三層作疏縫，沿著花
樣圖案邊緣壓線。
**4** 以3.5cm寬的斜布條作前、後袋身袋口的
包邊。
**5** 為了不讓拉鍊齒露出來，在拉鍊中心點
與袋口中心點對齊，並以珠針固定，細
細地別上，將裡側翻出，以回針縫縫製
包邊布，要挑縫至鋪棉那一層，以藏針
縫固定拉鍊的兩端。（圖2）
**6** 前袋身與後袋身布正面相對，縫製四
周。留後袋身的裡布一片，另一片的裡
布與鋪棉修剪成縫份0.7cm。（圖3）以
剩下的裡布包覆縫份。（圖4）
**7** 拉鍊兩端以包覆用布處理。（圖5）

◈ 裁布圖

＊袋口包邊布・包覆拉鍊
兩端用布皆不需外加縫
份，直接裁剪，表布縫
份為0.7cm，裡布・鋪棉
縫份為3cm。

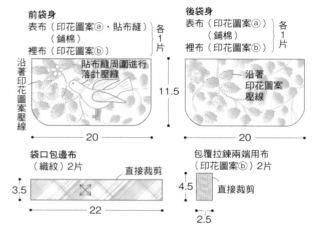

前袋身
表布（印花圖案ⓐ・貼布縫）
（鋪棉）
裡布（印花圖案ⓑ）
各1片

後袋身
表布（印花圖案ⓐ）
（鋪棉）
裡布（印花圖案ⓑ）
各1片

貼布縫周圍進行落針壓縫
沿著印花圖案壓線
沿著印花圖案壓線
11.5
20
20

袋口包邊布
（織紋）2片　直接裁剪
3.5
22

包覆拉鍊兩端用布
（印花圖案ⓑ）2片
4.5　直接裁剪
2.5

◈ 圖1

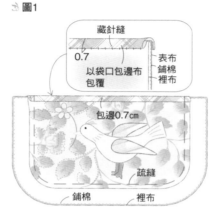

藏針縫
0.7
以袋口包邊布包覆
表布
鋪棉
裡布
包邊0.7cm
疏縫
鋪棉　裡布

◈ 圖2

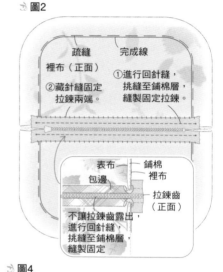

疏縫　完成線
裡布（正面）
①進行回針縫，挑縫至鋪棉層，縫製固定拉鍊。
②藏針縫固定拉鍊兩端
表布　鋪棉
包邊　裡布
拉鍊齒（正面）
不讓拉鍊齒露出，進行回針縫，挑縫至鋪棉層，縫製固定

◈ 圖3

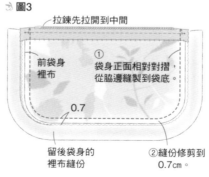

拉鍊先拉開到中間
前袋身裡布
①袋身正面相對對摺，從脇邊縫製到袋底。
0.7
留後袋身的裡布縫份
②縫份修剪到0.7cm。

◈ 圖4

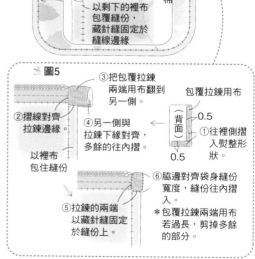

裡布　表布
鋪棉
以剩下的裡布包覆縫份，藏針縫固定於縫線邊緣

◈ 圖5

③把包覆拉鍊兩端用布翻到另一側。
②摺線對齊拉鍊邊緣
④另一側與拉鍊下緣對齊，多餘的往內摺。
以裡布包住縫份
⑤拉鍊的兩端以藏針縫固定於縫份上。
包覆拉鍊用布
（背面）
0.5
①往裡側摺入熨整形狀。
0.5
⑥脇邊對齊袋身縫份寬度，縫份往內摺入。
＊包覆拉鍊兩端用布若過長，剪掉多餘的部分。

# 鳥屋 Fågelhus

⊘ 完成尺寸　高28.7cm 寬32cm
⊘ 紙型・圖案附錄紙型D面

## 材料

❶ 木棉布　印花圖案…26×34cm
（前袋身表布）

❷ 木棉布　織紋ⓐ…26×34cm
（後袋身表布）

❸ 木棉布　織紋ⓑ…35×85cm
（裡布・提把補強布）

❹ 木棉布　織紋ⓒ…40×50cm
（提把表布・提把裡布・包邊斜布條・
貼布縫用布）

❺ 木棉布　織紋2款…各16×25cm
（拼縫布片⊖）

❻ 木棉布　零碼布片數款…各適量
（貼布縫用布）

❼ 鋪棉…35×80cm

❽ 中等厚度含膠布襯…6×30cm

❾ 25號繡線　黑色・咖啡金色・焦茶色・
藍色・紫色…各適量

## 作法

1 請參考裁布圖與原寸紙型・圖案，裁好
各布片。在前袋身的貼布縫基底布上製
作貼布縫與刺繡。

2 以2款織紋布裁16片布片⊖，拼縫布
片後，依照裁布圖的配置縫合，製作2
片。

3 步驟1的貼布縫基底布與步驟2的圖塊
縫合，縫份倒向貼布縫基底布，作成前
袋身表布。

4 後片布也與步驟2的圖塊縫合，縫份倒
向後片布，完成後袋身表布。

5 前袋身表布與後袋身表布都畫上壓線線
條（請參考裁布圖）。裡布・鋪棉・表
布三層疊在一起縫縫，壓線後拆掉四周
的疏縫線。

6 前、後袋身布正面相對，車縫脇邊與袋
底，留前袋身的裡布1片，裁剪縫份成
0.7cm（圖1）。以剩下的裡布包覆縫
份。（圖2）

7 以織紋ⓒ布製作3.5cm寬68cm的斜布
條，參考圖3，袋口包邊。

8 參考圖4製作提把，縫製固定在袋身的
袋口側。（圖5）

## 裁布圖

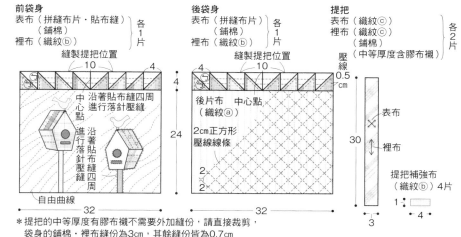

前袋身
表布（拼縫布片・貼布縫）
（鋪棉）　　　各1片
裡布（織紋ⓑ）
縫製提把位置

後袋身
表布（拼縫布片）
（鋪棉）　　　各1片
裡布（織紋ⓑ）
縫製提把位置

提把
表布（織紋ⓒ）
裡布（織紋ⓒ）　各2片
（鋪棉）
（中等厚度含膠布襯）

＊提把的中等厚度有膠布襯不需要外加縫份，請直接裁剪，
　袋身的鋪棉・裡布縫份為3cm，其餘縫份皆為0.7cm

## 圖1

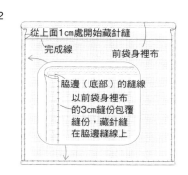

## 圖2

## 圖3

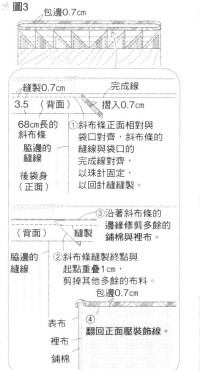

## 圖4

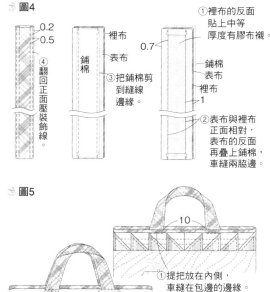

## 圖5

# 冰晶 Iskristaller

⊘ 完成尺寸　高24cm 寬40cm側身寬8cm
⊘ 原寸紙型・圖案附錄紙型A面

**材料**

❶木棉布　織紋ⓐ…110cm寬　75cm長
　（袋身裡布・側身裡布・袋身與側身袋
　口波紋布・提把表布・裡布・袋身袋口
　包邊布）
❷木棉布　織紋ⓑ…90cm　40cm長
　（袋身表布・側身表布）
❸木棉布　零碼布片2款…各適量
　（貼布縫用布）
❹鋪棉…110cm寬 50cm
❺厚質有膠布襯…82×8cm（側身）
❻麻質織帶　灰褐色…4cm寬 60cm
❼25號繡線　原色・紅色…各適量

**作法**

**1** 在前袋身的表布上製作貼布縫與刺繡，
　袋口的波紋布以藏針縫製作貼布縫。後
　袋身表布・側身表布也在袋口以波紋布
　製作貼布縫。
**2** 前袋身布、後袋身布都與裡布・鋪棉・
　以及步驟**1**的表布疊成三層一起疏縫並
　壓線。（請參考裁布圖），拆掉周圍的
　疏縫線。
**3** 參考圖1製作提把。
**4** 前、後袋身的袋口參考圖2的①至⑤縫
　上提把。
**5** 參考圖3的①至③製作側身。
**6** 袋身與側身縫合，以側身的裡布包覆縫
　份。（圖4）

⊘ **裁布圖**

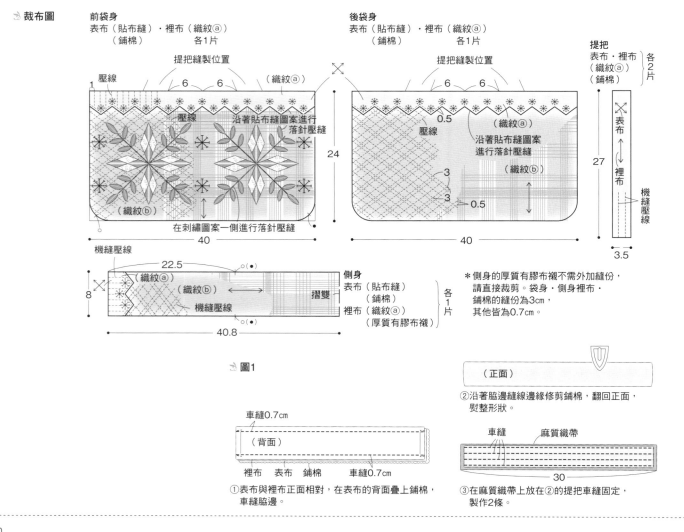

＊側身的厚質有膠布襯不需外加縫份，
　請直接裁剪。袋身・側身裡布・
　鋪棉的縫份為3cm，
　其他皆為0.7cm。

⊘ **圖1**

①表布與裡布正面相對，在表布的背面疊上鋪棉，
　車縫脇邊。

②沿著脇邊縫線邊緣修剪鋪棉，翻回正面，
　熨整形狀。

③在麻質織帶上放在②的提把車縫固定，
　製作2條。

✦圖2

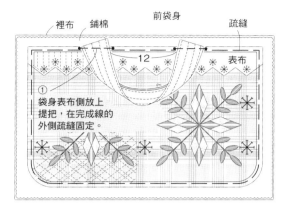

裡布　鋪棉　　　前袋身　　　　疏縫

12

表布

①
袋身表布側放上
提把，在完成線的
外側疏縫固定。

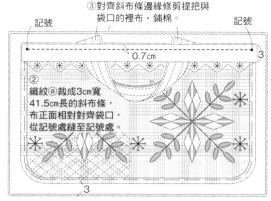

③對齊斜布條邊緣修剪提把與
　袋口的裡布・鋪棉。

記號　　　　　　　　　　　　　　　　　記號

0.7cm　　　　　　　　　3

②
織紋ⓐ裁成3cm寬
41.5cm長的斜布條，
布正面相對對齊袋口，
從記號處縫至記號處。

3

④以斜布條包覆縫份，摺成3褶，
　挑縫至鋪棉那層，進行藏針縫。

1

裡布　　⑤後袋身以相同作法縫上提把。

✦圖3

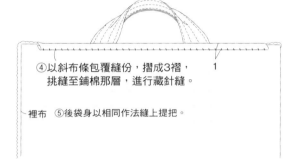

（背面）　3

剪
成
0.7
cm

從記號縫至記號

①裡布背面貼上厚布襯。

從記號縫至記號

表布

鋪棉

裡布

3

剪成0.7cm

②裡布與表布正面相對，表布背面疊上鋪棉，縫製袋口，
　袋口縫份修齊為0.7cm。

表布　　　　　　　鋪棉　　　裡布

③翻回正面疏縫。
　機縫壓線

✦圖4

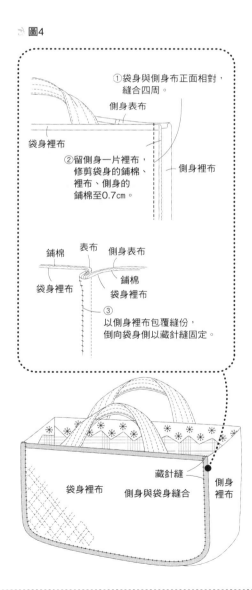

①袋身與側身布正面相對，
　縫合四周。

側身表布

袋身裡布

②留側身一片裡布，
　修剪袋身的鋪棉、
　裡布、側身的
　鋪棉至0.7cm。

側身裡布

鋪棉　　表布　　側身表布

袋身裡布

鋪棉

袋身裡布

③
以側身裡布包覆縫份，
倒向袋身側以藏針縫固定。

藏針縫

袋身裡布　　側身與袋身縫合

側身
裡布

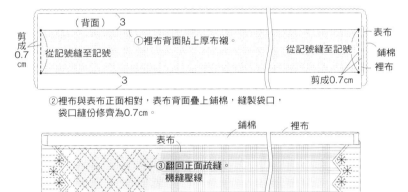

# 四季花圈 Årstidskransar

🌿 完成尺寸　61.4×61.4cm

🌿 圖案附錄紙型D面

## 材料

❶木棉布　織紋ⓐ…63×63cm（表布）

❷木棉布　織紋ⓑ…60×55cm
　（貼布縫用布・包邊布）

❸木棉布　織紋ⓒ…66×66cm（裡布）

❹鋪棉…66×66cm

❺25號繡線　紅色…適量

❻化學纖維棉花…適量（白玉拼布用）

❼木棉線（粗毛線的粗細）白色…適量
　（白玉拼布用）

❽白玉拼布用針

## 作法

**1** 在袋身表布上描繪出貼布縫以及刺繡的圖案。以輪廓繡與雛菊繡自由地繡喜愛的葉子與花蕾的數量。白玉拼布用的羽毛圖案，請如同包圍中間刺繡圖案似的自由描繪。

**2** 在步驟**1**的表布上製作貼布縫與刺繡。

**3** 裡布・鋪棉・步驟**2**的表布三層疊在一起疏縫，壓線。（請參考裁布圖）

**4** 四周以3.5cm寬的斜布條（織紋ⓑ）包覆，完成包邊。

**5** 翻出袋身的裡側，在羽毛圖案的地方製作白玉拼布，中間像細芯的地方塞入兩條木棉線，左右則塞入棉花，製作立體感。

※白玉拼布：沿著圖案壓線之後，從布的背面塞入棉花或線，使其具有立體感，看起來就像是石刻浮雕效果的技法。

🌿 **裁布圖**

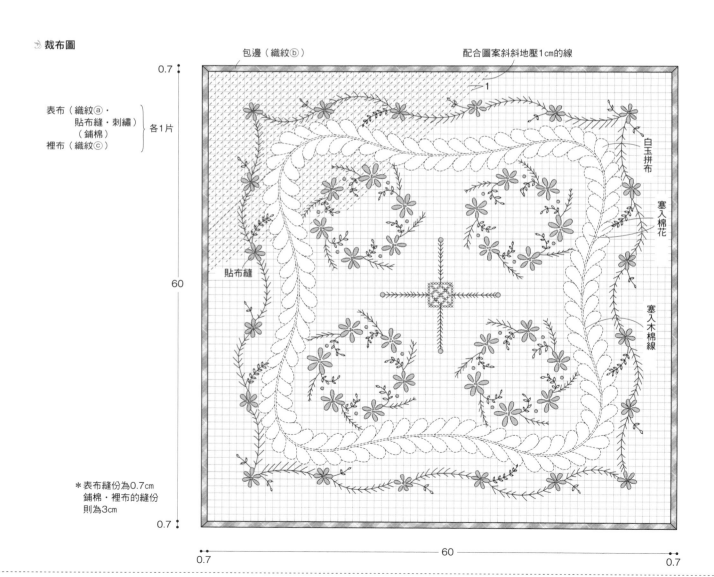

# 生命樹 Livetst räd

## 完成尺寸
高26.7cm　寬28.5cm　側身寬8cm
原寸紙型附錄紙型A面

## 材料
❶木棉布　印花圖案ⓐ…28×30cm
　（前袋身表布）
❷木棉布　印花圖案ⓑ…25×25cm
　（袋口包邊布）
❸木棉布　織紋ⓐ…28×30cm
　（後袋身表布）
❹木棉布　織紋ⓑ…50×80cm
　（袋身・側身裡布)
❺木棉布　織紋ⓒ…15×80cm
　（側身表布）
❻木棉布　織紋ⓓ…65×8cm
　（提把表布）
❼木棉布　織紋ⓔ…65×8cm
　（提把裡布）
❽木棉布　粉紅色系・灰色系印花圖案…
　各適量（貼布縫用布）
❾鋪棉…50×80cm
❿中等厚度有膠布襯…31×63cm
　（後袋身・提把）
⓫厚質有膠布襯…8×68cm（側身）
⓬25號繡線　粉紅色・深粉紅色…各適量

## 作法
**1** 在前袋身表布上製作貼布縫與刺繡。裡布・鋪棉・表布三層疊在一起疏縫，壓線。袋口以3.5cm寬 25cm長斜布條（印花圖案ⓑ）包邊。（圖1）
**2** 在後袋身的裡布背面貼上中等厚度有膠布襯，裡布・鋪棉・表布三層疊在一起疏縫，壓線。袋口以3.5cm寬 25cm長斜布條（印花圖案ⓑ）包邊。
**3** 參考圖2製作2條提把，縫製固定在前袋身、後袋身，車縫袋身褶子。（圖1）
**4** 參考圖3製作側身。
**5** 縫合袋身與側身，以側身裡布包覆縫份，倒向袋身，以藏針縫固定。（圖4）

### 裁布圖

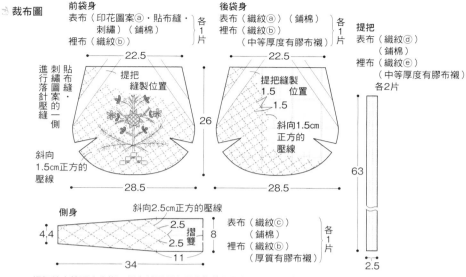

＊提把的中等厚度布襯、側身的厚質有膠布襯皆不需外加縫份，請直接裁剪。
　袋身・側身的鋪棉・裡布縫份為3cm，其他縫份為0.7cm

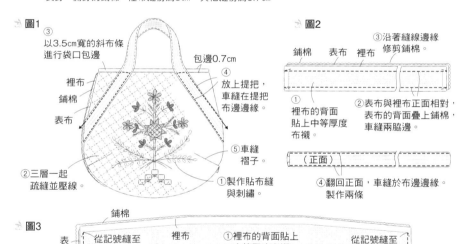

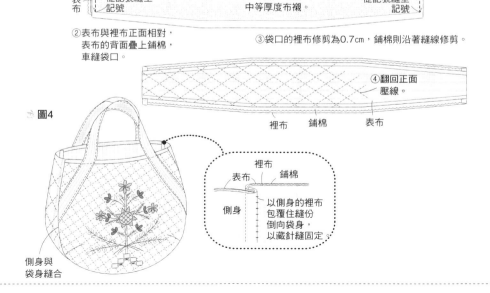

# 王子與公主 Prins och prinsessa

## 完成尺寸　高16cm　寬約21cm
　　　　　　袋底寬10cm
## 原寸紙型‧圖案附錄紙型B面。

## 材料
❶木棉布　印花圖案ⓐ…39×48cm
　（袋身表布）
❷木棉布　印花圖案ⓑ…55×40cm
　（袋身裡布‧包覆縫份用斜布條）
　（貼布縫用布‧包邊布）
❸木棉布　印花圖案ⓒ…5×4cm
　（拉鍊裝飾布）
❹羊毛布　印花圖案ⓓ…14×6cm
　（吊耳）
❺鋪棉…39×48cm
❻拉鍊　灰綠色…32cm長 1條
❼皮革提把　灰綠色…30cm長1組
❽鈕釦　黑色…直徑1.7cm 2個
❾25號繡線　原色…適量

## 作法
**1** 製作袋身表布刺繡。
**2** 袋身裡布‧鋪棉‧步驟**1**的表布三層一起疏縫，避開刺繡圖案作壓線。刺繡圖案的邊緣進行落針壓縫，從裡側劃出完成線。（圖1）
**3** 參考圖2在袋身開口縫上拉鍊。
**4** 參考圖3製作吊耳，假縫固定於拉鍊兩端。
**5** 袋身的袋底中心與拉鍊中心對齊，縫製兩側，縫份以袋底側裡布包覆以藏針縫固定。（圖4）
**6** 兩側的側身分四個位置，布正面相對以藏針縫縫合，縫份剪為0.7cm以斜布條包住藏針縫固定。（圖5）
**7** 縫上提把，製作拉鍊裝飾並固定於拉鍊拉片上。（圖6）

## 裁布圖

袋身
表布（印花圖案ⓐ）‧裡布（印花圖案ⓑ）
（鋪棉）各1片

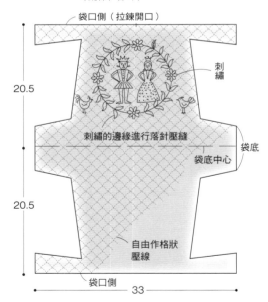

袋口側（拉鍊開口）

刺繡

刺繡的邊緣進行落針壓縫

袋底

袋底中心

20.5

20.5

自由作格狀壓線

袋口側

33

吊耳（印花圖案ⓓ）
2片

6

7

拉鍊裝飾布
（印花圖案ⓒ）1片

5

4

＊袋身的表布‧鋪棉‧裡布的縫份為3cm，
　吊耳與拉鍊裝飾布不需外加縫份，請直接裁剪。

## 圖1

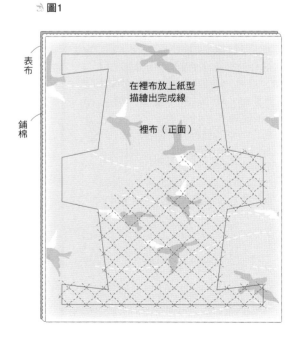

表布

鋪棉

在裡布放上紙型
描繪出完成線

裡布（正面）

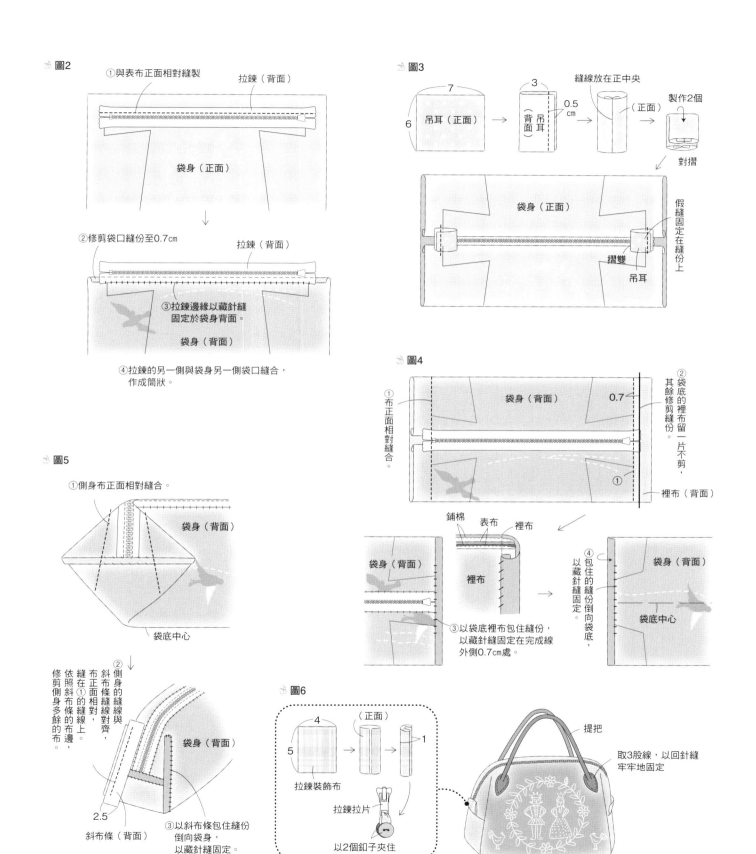

圖2

①與表布正面相對縫製
拉錬（背面）
袋身（正面）

②修剪袋口縫份至0.7㎝
拉錬（背面）
③拉錬邊緣以藏針縫固定於袋身背面。
袋身（背面）

④拉錬的另一側與袋身另一側袋口縫合，作成筒狀。

圖3

7
6
吊耳（正面）
→
3
（背面）吊耳
0.5㎝
→
（正面）
製作2個
對摺

縫線放在正中央

袋身（正面）
摺雙
吊耳
假縫固定在縫份上

圖4

①布正面相對縫合。
袋身（背面）
0.7
②袋底的裡布留一片不剪，其餘修剪縫份。
①
裡布（背面）

鋪棉　表布　裡布
袋身（背面）
裡布
③以袋底裡布包住縫份，以藏針縫固定在完成線外側0.7㎝處。
④包住的縫份倒向袋底，以藏針縫固定。
袋身（背面）
袋底中心

圖5

①側身布正面相對縫合。
袋身（背面）
袋底中心

②側身的縫線與斜布條縫線對齊，布正面相對，縫在①的縫線上。依照斜布條縫線，修剪側身條多餘的布邊。
側身的縫線與斜布條縫線對齊
袋身（背面）
2.5
斜布條（背面）
③以斜布條包住縫份倒向袋身，以藏針縫固定。

圖6

4
5
拉錬裝飾布
（正面）
→
→
1
拉錬拉片
以2個釦子夾住

提把
取3股線，以回針縫牢牢地固定

# 預告春天來臨の花朵　Blåsippor

- ➷ 完成尺寸　44×44cm
- ➷ 圖案附錄紙型D面。

## 材料

- ❶ 木棉布　印花圖案ⓐ…46×46cm
  （貼布縫基底布）
- ❷ 木棉布　印花圖案ⓑ…18×36cm
  （波紋布A）
- ❸ 木棉布　印花圖案ⓒ…47×47cm
  （波紋布B）
- ❹ 木棉布　零碼布片數款…各適量
  （貼布縫用布）
- ❺ 木棉布　織紋…90×50cm
  （裡布‧包覆縫份用斜布條）
- ❻ 鋪棉…50×50cm
- ❼ 25號繡線　淡黃綠色‧深綠色‧綠色‧
  淡綠色…各適量

## 作法

1. 在貼布縫基底布上描繪貼布縫圖案並製作。
2. 步驟 **1** 的圖案周圍依照波紋布A‧波紋布B的順序進行貼布縫，最後在波紋布B上面製作葉子與花朵的貼布縫圖案。
3. 參考圖案製作刺繡。
4. 依照裡布‧鋪棉‧步驟 **3** 作好的表布重疊，三層一起疏縫並壓線。
5. 四周縫份以2.5cm寬的斜布條包邊。

➷ 裁布圖

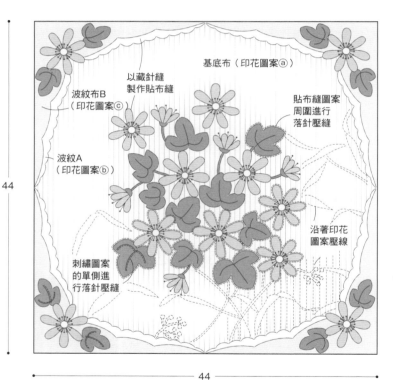

以藏針縫製作貼布縫

基底布（印花圖案ⓐ）

波紋布B（印花圖案ⓒ）

貼布縫圖案周圍進行落針壓縫

波紋A（印花圖案ⓑ）

沿著印花圖案壓線

刺繡圖案的單側進行落針壓縫

44

44

表布（貼布縫）
（鋪棉）　　各1片
裡布（織紋）

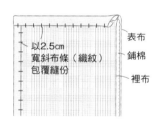

以2.5cm寬斜布條（織紋）包覆縫份

表布
鋪棉
裡布

\* 貼布縫基底布、波紋布A‧B外側為0.7cm，波紋布A‧B內側為0.3cm縫份。鋪棉、裡布請裁好50x50cm，包邊布為2.5cm寬x48cm 4條。

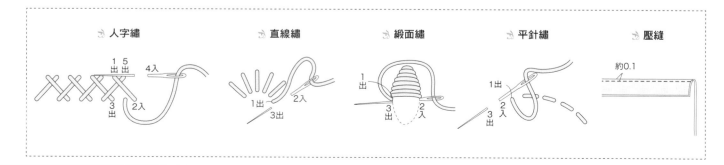

➷ 人字繡　　　　➷ 直線繡　　　　➷ 緞面繡　　　　➷ 平針繡　　　　➷ 壓縫

青鳥の旅程 En blå fågel i flykt

## 完成尺寸
高29.3cm　寬38cm　側身寬8cm

原寸圖案附錄紙型B面

## 材料
❶木棉布　織紋ⓐ…40×110cm
（袋身表布・外口袋裡布）
❷木棉布　織紋ⓑ…3.5cm寬斜布條23cm
（外口袋袋口包邊斜布條）
❸木棉布　印花圖案ⓐ…40×110cm
（袋身裡布・內口袋）
❹木棉布　印花圖案ⓑ…14×100cm
（提把）
❺木棉布　零碼布數款…各適量
（拼縫布片）
❻鋪棉…16×23cm
❼25號繡線　藍綠色・藍色・黑色…各適量

## 作法
**1** 參考圖1製作外口袋。
**2** 在袋身表布的正面縫上步驟**1**製作的外口袋（參考裁布圖）。另一片表布正面相對，車縫兩脇邊與袋底，底角車縫側身寬8cm，翻回正面。
**3** 製作內口袋（圖2），縫製固定於袋身裡布的後側（參考裁布圖），依照表布的方法，製作袋身。
**4** 參考圖3製作提把，假縫固定於袋身表布的脇邊，與裡布正面相對，車縫袋口一圈。（圖4）
**5** 從裡布的返口將袋子翻回正面，以藏針縫縫合返口，整理袋身形狀，參考圖5作最後修飾。

### 裁布圖

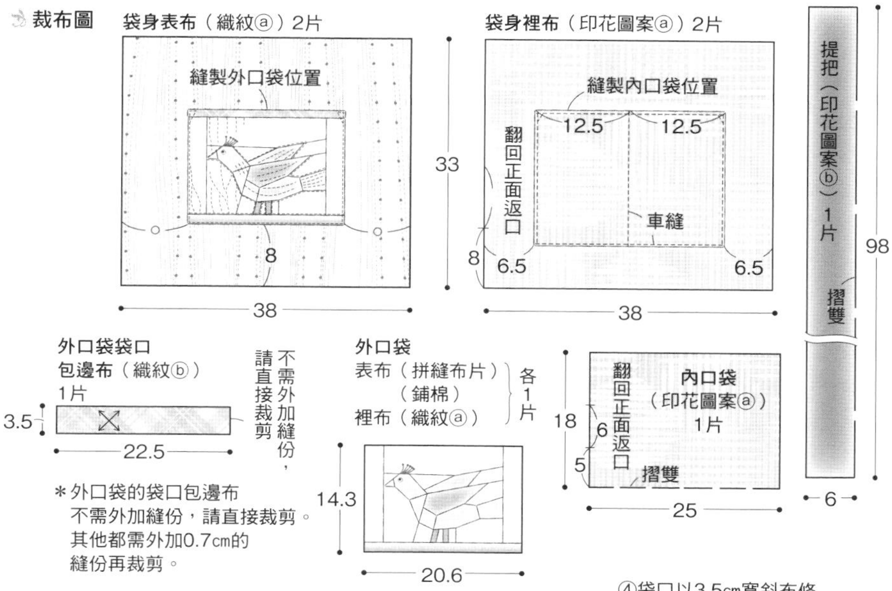

袋身表布（織紋ⓐ）2片
縫製外口袋位置
33
8
38

袋身裡布（印花圖案ⓐ）2片
縫製內口袋位置
翻回正面返口
12.5　12.5
車縫
8　6.5　6.5
38

提把〈印花圖案ⓑ〉1片
摺雙
98
6

外口袋袋口
包邊布（織紋ⓑ）1片
3.5
22.5
不需外加縫份，請直接裁剪

外口袋
表布（拼縫布片）（鋪棉）
裡布（織紋ⓐ）各1片
14.3
20.6

內口袋（印花圖案ⓐ）1片
翻回正面返口
18
6
5
摺雙
25

＊外口袋的袋口包邊布不需外加縫份，請直接裁剪。其他都需外加0.7cm的縫份再裁剪。

### 圖1
裡布　鋪棉
①拼縫布片作成鳥的圖案，作成表布。
表布（背面）

②表布與裡布正面相對，裡布的背面疊上鋪棉，車縫三邊，沿著縫線邊緣裁剪鋪棉。
③翻回正面壓線。

④袋口以3.5cm寬斜布條進行包邊。
0.7
沿著布的花樣作壓線
落針壓縫

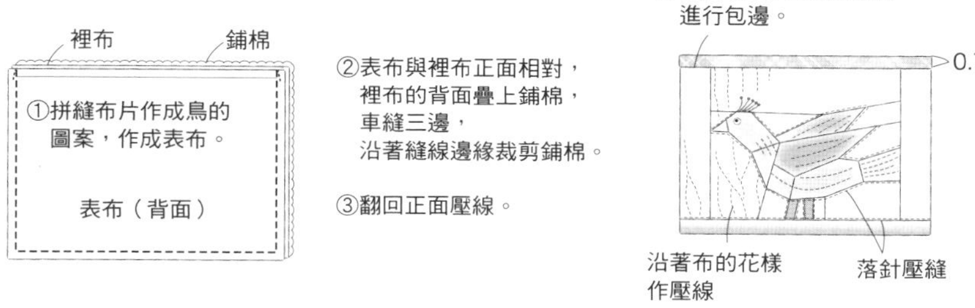

### 圖2
車縫0.7cm
①布正面相對，車縫四周。
留6cm翻回正面的返口
5　摺雙

沿著布邊車縫
②翻回正面，沿著布邊車縫袋口。
返口的縫份往內摺入，進行藏針縫
摺雙

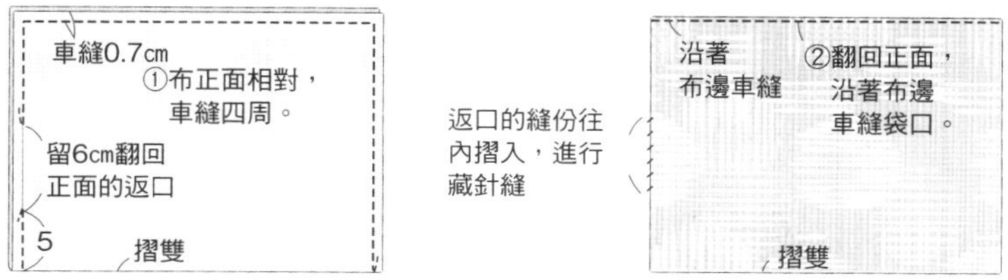

### 圖3

摺雙
0.7
（背面）
①布正面相對，沿著布邊車縫。
②翻回正面。
（正面）

### 圖4

表布（背面）
將提把假縫固定於表布脇邊
裡布（背面）
③將提把假縫固定於表布脇邊。
④表布與裡布正面相對，車縫袋口一圈。
①車縫脇邊，裡布縫份倒向後側，表布縫份倒向前側。
留翻回正面的返口不縫
8
0.7
②側底抓8cm寬縫合，留0.7cm縫份，其餘剪掉。

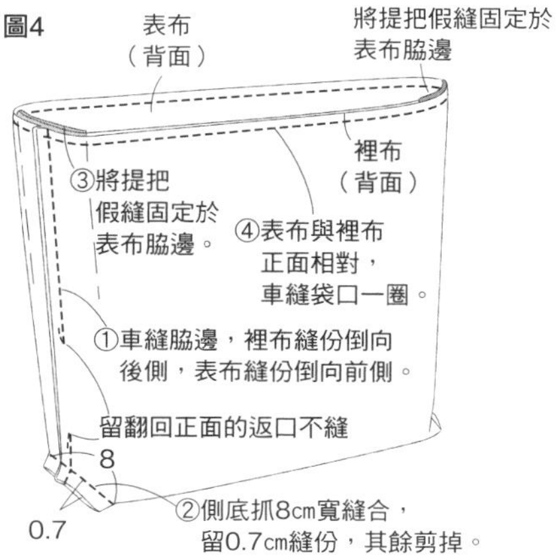

### 圖5
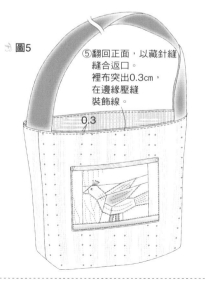
⑤翻回正面，以藏針縫縫合返口。裡布突出0.3cm，在邊緣壓縫裝飾線。
0.3

# 草原の花籃　Blomsteräng

🔹 完成尺寸　高31cm 直徑17.8cm
🔹 原寸紙型B面

**材料**
❶木棉布　織紋ⓐ…55×30cm
　（袋底表布、拼縫布片ⓒ）
❷木棉布　印花圖案ⓐ…110cm寬 50cm
　（袋身的基底布、拼縫布片ⓢ・ㄊ）
❸木棉布　織紋ⓑ…110cm寬　50cm
　（袋身裡布、袋底裡布、處理縫份的斜
　布條）
❹木棉布　零碼布數款…各適量
　（拼縫布片ㄑ・貼布縫用布ⓢ）
❺木棉布　印花圖案ⓑ…20×15cm
　（葉子的貼布縫）
❻鋪棉…110cm寬 50cm
❼厚有膠布襯…20×20cm（袋底）
❽織帶　淡灰綠色…4cm寬 110cm
❾25號繡線　淡綠色…適量
　其他 厚紙板（約為明信片的厚度）

**作法**
1 花朵貼布縫是由布片ⓢㄊㄑ拼縫，在中
　心以藏針縫貼布縫布片ⓢ製作而成，參
　考裁布圖製作各圖案指定的片數。
2 請參考圖1將紙板放入花的版型內，在
　基底布上製作貼布縫，從背面取掉基底
　布拿出紙板，葉子部分則是一邊以針尖
　將縫份往內摺，一邊以藏針縫製作貼布
　縫。
3 作了貼布縫的基底布的上下緣與布片ⓒ
　縫合，縫份倒向布片ⓒ一側，袋身A・B
　的作法也相同。
4 袋身A・B各自與裡布・鋪棉・步驟3的
　裡布重疊，三層一起作疏縫並壓線（參
　考裁布圖），拆掉四周的疏縫線，在裡
　布側畫出完成線。
5 參考圖2，以斜布條處理袋身A・B上緣。
6 袋身A・B布反面相對，車縫兩脇邊，縫
　份裁剪成0.7cm，並燙開縫份。

7 參考圖3將織帶疏縫固定於兩脇邊。
8 袋底裡布背面貼上厚布襯，裡布・鋪棉
　・表布重疊一起疏縫，機縫壓線。
9 袋身與袋底布正面相對縫合，以2.5cm寬
　斜布條包覆縫份，倒向袋底一側進行藏
　針縫。

🔹 裁布圖

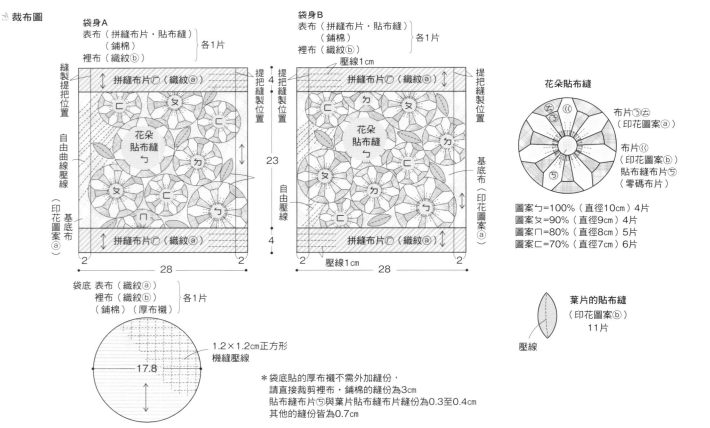

花朵貼布縫

布片ⓢㄊ（印花圖案ⓐ）
布片ㄑ（印花圖案ⓑ）
貼布縫布片ⓢ（零碼布片）

圖案ㄅ=100%（直徑10cm）4片
圖案ㄆ=90%（直徑9cm）4片
圖案ㄇ=80%（直徑8cm）5片
圖案ㄈ=70%（直徑7cm）6片

葉片的貼布縫
（印花圖案ⓑ）
11片
壓線

1.2×1.2cm正方形
機縫壓線
17.8

＊袋底貼的厚布襯不需外加縫份，
　請直接裁剪裡布・鋪棉的縫份為3cm
　貼布縫布片ⓢ與葉片貼布縫片縫份為0.3至0.4cm
　其他的縫份皆為0.7cm

❀ 圖1

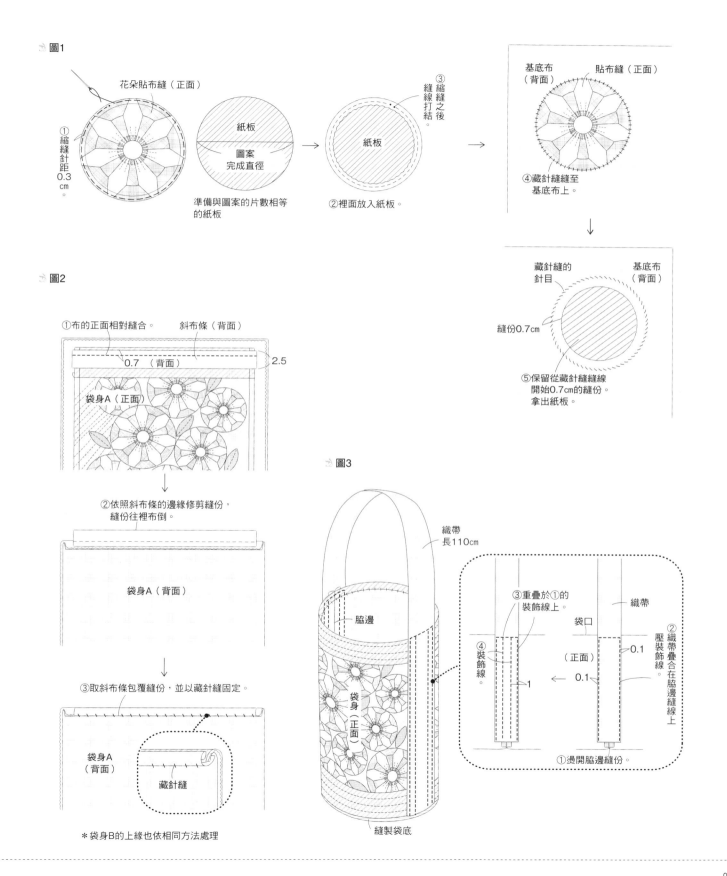

花朵貼布縫（正面）

①縮縫針距0.3cm。

紙板
圖案
完成直徑

準備與圖案的片數相等的紙板

紙板

②裡面放入紙板。

③縮縫縫線打結

縮縫之後

基底布（背面）　　貼布縫（正面）

④藏針縫縫至基底布上。

藏針縫的針目　　基底布（背面）

縫份0.7cm

⑤保留從藏針縫縫線開始0.7cm的縫份。拿出紙板。

❀ 圖2

①布的正面相對縫合。　　斜布條（背面）

0.7（背面）　　2.5

袋身A（正面）

②依照斜布條的邊緣修剪縫份，縫份往裡布倒。

袋身A（背面）

③取斜布條包覆縫份，並以藏針縫固定。

袋身A（背面）

藏針縫

＊袋身B的上緣也依相同方法處理

❀ 圖3

織帶長110cm

脇邊

袋身（正面）

縫製袋底

③重疊於①的裝飾線上。

④裝飾線。

袋口

織帶

②織帶疊合在脇邊縫線上

壓裝飾線

（正面）　　0.1

0.1

1

①燙開脇邊縫份。

# 採集蘑菇　Svampplockning

🍂 完成尺寸　高35cm　寬39.5cm
🍂 原寸紙型附錄紙型B面

**材料**
❶木棉布　織紋ⓐ…20×85cm
　（布片ㄈ）
❷木棉布　織紋ⓓ…41×90cm（裡布）
❸木棉布　印花圖案ⓑ…20×110cm
　（布片ㄌ・ㄋ、蘑菇的圖案布片）

❹木棉布　印花圖案ⓒ…15×42cm
　（布片ㄉ）
❺木棉布　深藍色…40×50cm（提把）
❻木棉布　零碼布片數款…各適量
　（蘑菇的圖案布片）
❼25號繡線　灰色…適量
❽鈕釦…直徑2.5cm 2個
　其它尚有　手縫線、紅色車縫線

**作法**
**1** 拼縫布片作成蘑菇的圖案ㄅ・ㄆ・ㄇ。
　（圖1）
**2** 參考圖2製作前袋身表布。也以拼縫布
　片方式製作後袋身表布（參考裁布圖）
**3** 縫合前袋身與後袋身，作好袋身主體。
　（圖3）
**4** 製作提把，縫在袋身上。（圖4）

🍂 裁布圖

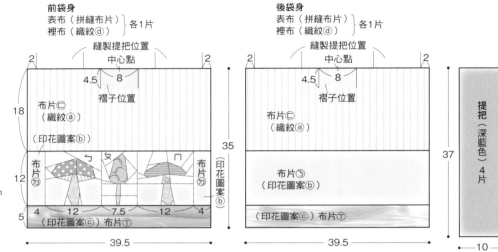

＊前袋身的裡布縫份為3cm
　其餘請外加0.7cm
　再裁剪。

🍂 蘑菇圖案縫製方式

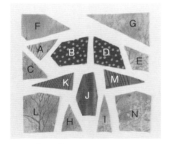

依照①至⑬的順序縫製

🍂 圖案縫製方式

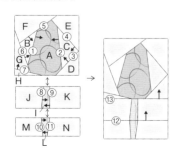

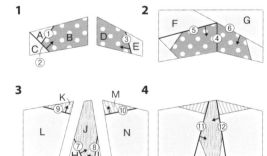

🍂 圖2

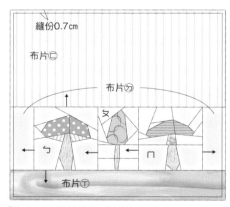

①製作3片蘑菇的圖案，橫向接合3片，
　再於左右接合布片ㄌ。

②在①的圖塊上上緣接合布片ㄈ，
　下緣接合布片ㄉ，縫份倒向前頭方向，
　作成前袋身的表布。

圖3

②將裡布袋口的縫份修齊為0.7cm。

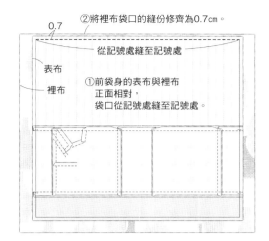

0.7
從記號處縫至記號處
表布
裡布

①前袋身的表布與裡布
正面相對,
袋口從記號處縫至記號處。

前袋身

③翻回正面,燙整形狀,
疏縫。

疏縫

（正面）

④於布片縫線邊緣
進行落針壓縫。

④於蘑菇圖案四周
進行落針壓縫。

裡布

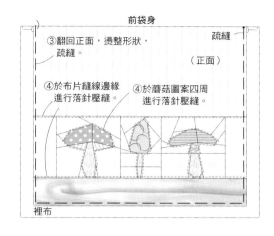

後袋身

疏縫

表布

⑤後袋身也依照相同方式縫製,
進行落針壓縫。

布片□

裡布

落針壓縫          布片○

布片○

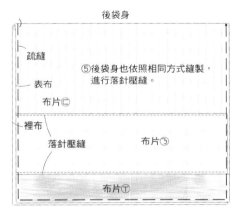

前袋身          後袋身裡布

裡布

縫製0.7cm

⑥前袋身、後袋身布正面相對,
車縫脇邊與袋底。

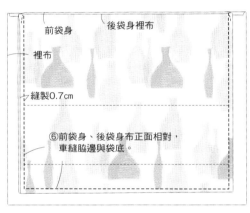

後袋身          前袋身

表布    裡布          表布    裡布

⑦以前袋身的裡布
包住縫份,
以藏針縫固定於
縫線邊緣。

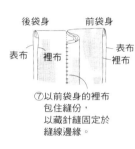

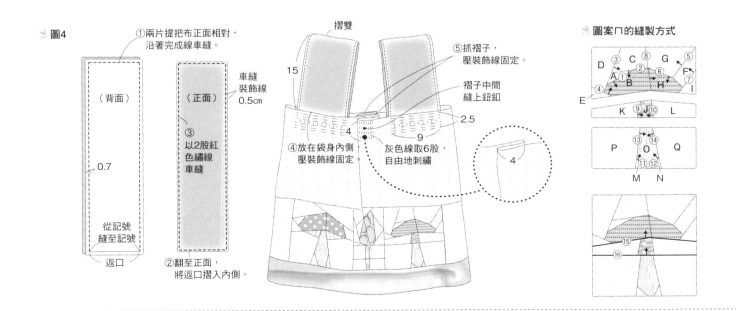

圖4

①兩片提把布正面相對,
沿著完成線車縫。

（背面）

0.7

從記號
縫至記號

返口

車縫
裝飾線
0.5cm

（正面）

③
以2股紅
色繡線
車縫

②翻至正面,
將返口摺入內側。

摺雙

15

⑤抓褶子,
壓裝飾線固定。

褶子中間
縫上鈕釦

2.5

4

④放在袋身內側
壓裝飾線固定

灰色線取6股,
自由地刺繡

9

4

圖案□的縫製方式

D ③ C ⑧ G ⑤
A ① B ② ⑥ F ⑦
④ H I
E

K ⑨ J ⑩ L

P ⑬ ⑭ Q
⑪ ⑫ O
M    N

⑮
⑯

101

# 草叢中の小蟲們 Små insekter i gräset

◈ 完成尺寸　高37cm　寬43cm

## 材料
❶木棉布 織紋…50×110cm
（袋身表布・提把表布）
❷木棉布 印花圖案…50×110cm
（袋身裡布・提把裡布）
❸木棉布 零碼布片數款…各適量
（貼布縫用布）
❹25號繡線 黑色・灰色・深灰色・綠色
…各適量

## 作法
**1** 參考裁布圖裁剪各布片，在前袋身表布
上製作貼布縫與刺繡。

**2** 縫製提把。（圖2）

**3** 兩片袋身表布正面相對，車縫兩脇邊與
袋底，底角抓成三角形，車縫側身寬8
cm（圖2），翻回正面，提把疏縫於袋
口固定。

**4** 袋身裡布2片布正面相對，留返口，車
縫脇邊與袋底，底角抓成三角形，車縫
側身寬8cm。（圖2）

**5** 把3的表布放進4的裡布中，布的正面相
對，袋口車縫一圈，從返口翻回正面，
以藏針縫縫合返口，翻回正面，整理形
狀。（圖2）

◈ 裁布圖

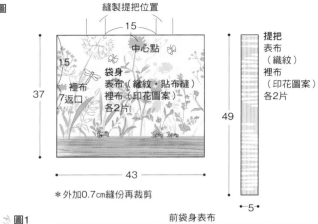

＊外加0.7cm縫份再裁剪

◈ 圖1

前袋身表布

縫份0.7cm

配合印花圖案製作蜻蜓・蝴蝶・螞蟻・瓢蟲・草蜢的貼布縫

◈ 貼布縫原寸紙型

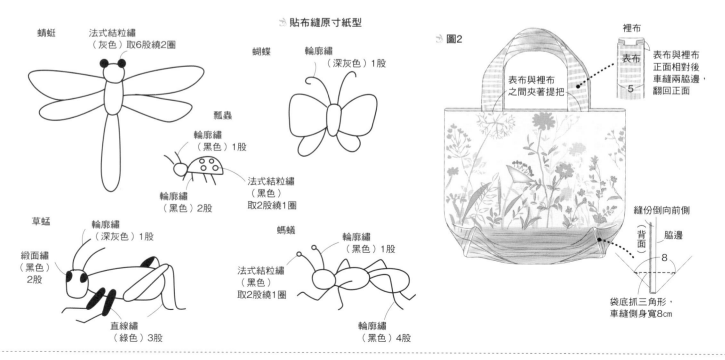

# 森林の智者 *Ugglan, skogens vise man*

◈ 完成尺寸　高25.5cm 寬24cm
◈ 原寸紙型・圖案附錄紙型C面

## 材料
❶木棉布 印花圖案…35×65cm
　（袋身表布）
❷木棉布　織紋ⓐ…40×110cm
　（袋身裡布・包邊用斜布條）
❸木棉布　織紋ⓑ…40×110cm
　（提把表布・裡布・包覆提把內側・外側・
　上緣用斜布條）
❹木棉布　零碼布片數款…各適量
　（貼布縫用布）
❺鋪棉…40×90cm
❻中等厚度有膠布襯…36×10cm
❼25號繡線 深灰色…適量

## 作法
1 請參考裁布圖與原寸紙型・圖案裁剪
　各布片。
2 在前袋身表布上製作貼布縫與刺繡。
　裡布・鋪棉・表布三層一起疏縫，壓線
　（參考裁布圖）並拆掉四周的疏縫線。
3 後袋身也一樣是三層一起疏縫，壓線
　（參考裁布圖），並拆掉四周疏縫線。
4 車縫袋身褶子，前片往內側倒，後片往外側
　倒，以藏針縫固定，針要挑縫至鋪棉層。
5 以3.5cm寬的斜布條包住袋身脇邊與前、
　後中央V字形部分，以及上緣，並製作包邊。
　（圖1）
6 袋身前片與後片，布正面相對，車縫脇邊，
　以2.5cm的斜布條包覆縫份（圖3）
7 製作提把。（圖2）
8 將7的提把固定於袋身的提把上緣。（圖3）

◈ 裁布圖

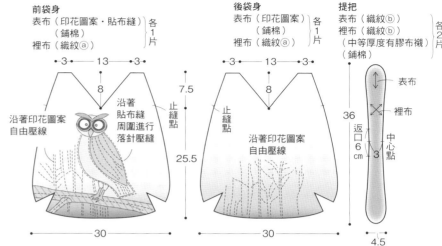

＊提把的中等厚度布襯不需外加縫份，請直接裁剪。袋身表布・提把表布・
　裡布・鋪棉的縫份為0.7cm，袋身鋪棉的縫份為3cm。

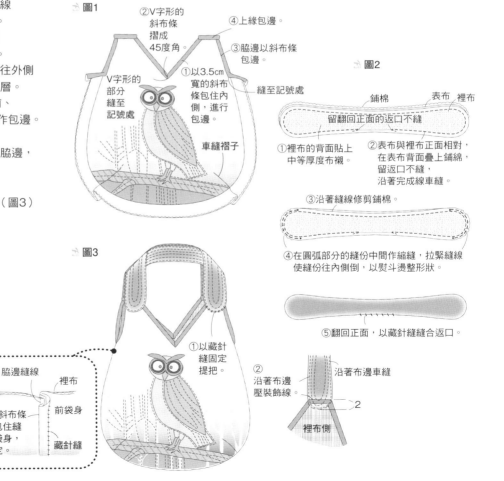

夢想中の紅色小屋 Rött drömhus

⬡ 完成尺寸
　脇邊高10.5cm　寬11cm　深8cm
⬡ 原寸紙型・圖案附錄紙型C面

材料
❶木棉布　零碼布片數款…各適量
　（拼縫布片・貼布縫用布）
❷木棉布　印花圖案ⓐ…20×30cm
　（屋頂表布・裡布）
　（袋身表布・側身表布）
❸木棉布　印花圖案ⓑ…22×13cm
　（底布・拼縫布片）
❹木棉布　印花圖案ⓒ…45×35cm
　（袋身裡布）
❺木棉布　素色…45×35cm
　（袋身補強布）
❻鋪棉…80×80cm
❼25號繡線　白色…適量

❽厚質有膠布襯…15×26cm
❾塑膠板　黑色…16×46cm
　其他材料　圓弧針

作法
**1** 拼縫布片製作成袋身表布，縫份倒向一
　側。以記號筆在窗與門的位置描繪記
　號，參考圖1製作窗戶貼布縫圖案，門
　也依照一樣的作法製作。
**2** 作好貼布縫的表布與底布縫合，與補強
　布・鋪棉三層一起壓線。（圖2）
**3** 參考圖3・圖4完成袋身。
＊本體中放入的板子請依實際尺寸作調整。
**4** 參考圖5製作屋頂，組裝袋身，以及縫
　合屋頂。（圖6）

⬡ 裁布圖

＊塑膠板・屋頂的厚布襯不需
　外加縫份，直接裁剪，鋪棉
　與補強布的縫份為3cm，屋
　頂的表布・裡布縫份為0.6
　cm，其餘皆為0.7cm。

袋身前片
表布（拼縫布料）
（塑膠板）
各1片
落針壓縫
（印花圖案ⓑ）
5.5
9.5
1
11

袋身側身
表布（拼縫布料）
（塑膠板）
各2片
落針壓縫
（印花圖案ⓑ）
5.5
9.5
8

袋身後片
表布（拼縫布料）
（塑膠板）
各1片
落針壓縫
（印花圖案ⓑ）
5.5
9.5
11

屋頂
表布・裡布（印花圖案ⓐ）各2片
（厚質有膠布襯）4片
7.2
13
（塑膠板）1片

袋底
表布
（印花圖案ⓑ）
1片
斜向1cm
正方形縫壓線
8
11

袋身
補強布（素色）5.5
裡布（印花圖案ⓒ）
各1片
16（鋪棉）2片
5.5
10.5
11
8
8
10.5
10.5
10.5
16
10.5
5.5
5.5
10.5
11
10.5

⬡ 圖1

①
疏縫固定
窗戶布。
完成線

②
製作下方窗框貼布縫，
完成線上緣與斜布條縫線對齊，
從布邊車縫至布邊。
1.2　0.4
斜布條（背面）

③
沿著完成線
摺入，以藏
針縫固定。
0.4

1.2　從記號開始
0.4
斜布條（背面）
車縫至
0.3cm前
④縫製左側窗框。
0.3

⑤翻至正面，進行藏針縫。
⑦右邊窗框作法相同
⑥下方縫份摺入內側。

1.2cm斜布條（背面）
0.4
0.3　0.3
⑧縫製上緣的窗框
車縫至
0.3cm前
從0.3cm
前開始縫

⑩藏針縫。
藏針縫
⑨縫份摺入藏針縫固定。

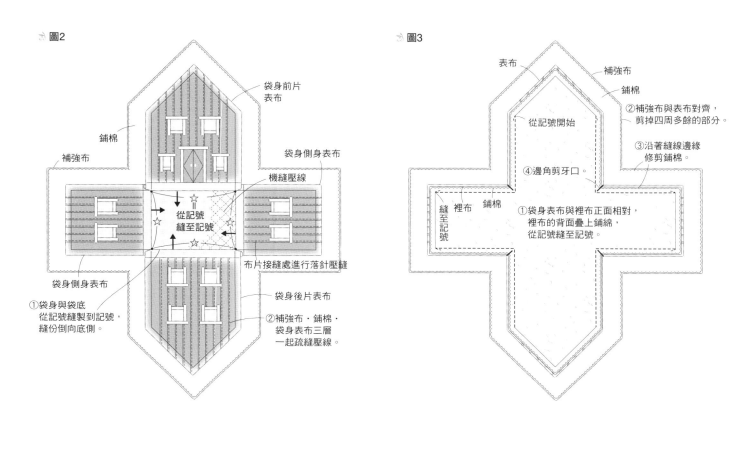

**圖2**

袋身前片
表布

鋪棉

補強布

袋身側身表布

機縫壓線

☆
||
從記號
縫至記號
☆
☆

布片接縫處進行落針壓縫

袋身側身表布

袋身後片表布

①袋身與袋底
從記號縫製到記號，
縫份倒向底側。

②補強布・鋪棉・
袋身表布三層
一起疏縫壓線。

**圖3**

表布

補強布

鋪棉

②補強布與表布對齊，
剪掉四周多餘的部分。

③沿著縫線邊緣
修剪鋪棉。

④邊角剪牙口。

從記號開始

縫至記號

裡布　鋪棉

①袋身表布與裡布正面相對，
裡布的背面疊上鋪綿，
從記號縫至記號。

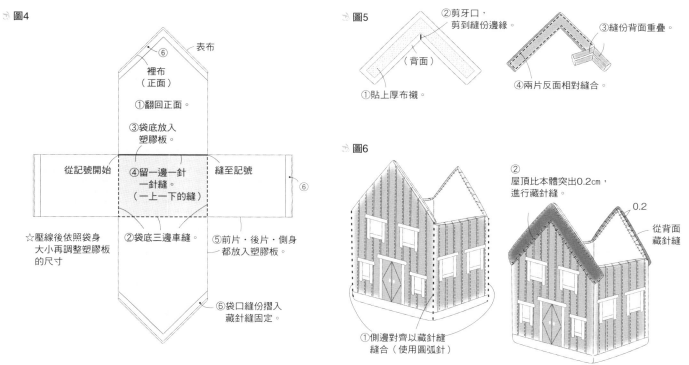

**圖4**

⑥

表布

裡布
（正面）

①翻回正面。

③袋底放入
塑膠板。

④留一邊一針
一針縫。
（一上一下的縫）

從記號開始

縫至記號

⑥

②袋底三邊車縫。

⑤前片・後片・側身
都放入塑膠板。

☆壓線後依照袋身
大小再調整塑膠板
的尺寸

⑥袋口縫份摺入
藏針縫固定。

**圖5**

②剪牙口，
剪到縫份邊緣。

（背面）

③縫份背面重疊。

①貼上厚布襯。

④兩片反面相對縫合。

**圖6**

②
屋頂比本體突出0.2cm，
進行藏針縫。

0.2

從背面
藏針縫

①側邊對齊以藏針縫
縫合（使用圓弧針）

# 達拉納木馬 Dalahäst

🌀 完成尺寸　高23cm 寬28cm 側身寬8cm

🌀 原寸紙型・圖案附錄紙型C面

## 材料

❶木棉布　織紋ⓐ…25×60cm
（主體表布）

❷木棉布　織紋ⓑ…110cm寬 45cm
（主體・側邊裡布、包覆袋口縫份用斜布條）

❸木棉布　織紋ⓒ…10×70cm
（側身表布）

❹木棉布　印花圖案…10×10cm

❺木棉布　零碼布片數款…各適量
（貼布縫用布）

❻鋪棉…45×80cm

❼厚質有膠布襯…8×65cm

❽25號繡線　原色…適量

## 作法

**1** 在主體表布上製作貼布縫與刺繡，後主體表布與前主體表布圖案相對，製作貼布縫。裡布・鋪棉・表布三層一起疏縫，壓線（參考裁布圖），拆掉四周的疏縫線。

**2** 參考圖1，製作吊耳。

**3** 側身裡布反面貼上厚布襯。表布・鋪棉・裡布三層一起疏縫，機縫壓線。（圖2）

**4** 將吊耳假縫固定於側身的正面中心點。主體與側身縫合，以側身的裡布包住縫份。（圖3）

**5** 以織紋ⓑ裁成2.5cm寬的斜布條（準備75cm長）。主體・側身的開口縫份以斜布條包邊處理。（圖3）

🌀 裁布圖

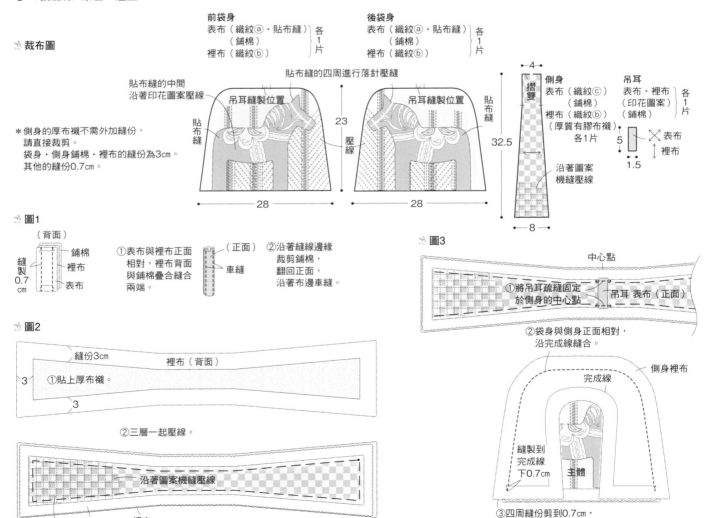

\* 側身的厚布襯不需外加縫份，
請直接裁剪。
袋身・側身鋪棉・裡布的縫份為3cm。
其他的縫份0.7cm。

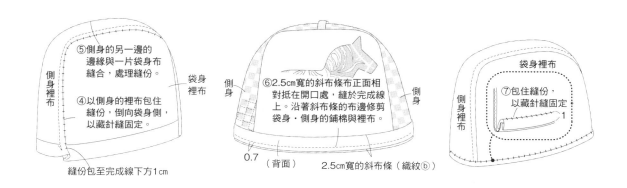

⑤側身的另一邊的邊緣與一片袋身布縫合，處理縫份。

④以側身的裡布包住縫份，倒向袋身側，以藏針縫固定。

側身裡布

袋身裡布

縫份包至完成線下方1cm

⑥2.5cm寬的斜布條正面相對抵在開口處，縫於完成線上。沿著斜布條的布邊修剪袋身‧側身的鋪棉與裡布。

側身

側身

0.7 （背面）

2.5cm寬的斜布條（織紋ⓑ）

袋身裡布

⑦包住縫份，以藏針縫固定。

側身裡布

---

作品◀P.055 木馬系列 Samling av trähästar

☙ 完成尺寸　30×42cm
☙ 附錄紙型D面

**材料**

**A**
❶木棉布　印花圖案ⓐ…32×24cm（基底布╒）
❷木棉布　印花圖案ⓑ…32×24cm（基底布╳）
❸木棉布　印花圖案ⓒ…32×44cm（後片布）
❹木棉布　零碼布片4款…各適量（貼布縫用布）

**B**
❶木棉布　印花圖案ⓐ…44×22cm（基底布╳）
❷木棉布　印花圖案ⓑ…44×14cm（基底布╒）
❸木棉布　印花圖案ⓒ…32×44cm（後片布）
❹木棉布　零碼布片5款…各適量（貼布縫用布）

**作法**

1 參考裁布圖，裁剪前片‧後片的基底布，貼布縫用布一部分裁成斜布條。
2 在基底布╳上以藏針縫製作1的貼布縫布片，位置與配色依照個人喜愛。
3 製作前片。基底布╒與2的基底布╳縫合，縫份倒向基底布╳一側。

4 後片布與3的前片布正面相對，留返口，縫製周圍，從返口翻回正面後，返口的縫份摺入內側，以藏針縫縫合，燙整形狀。

☙ 裁布圖

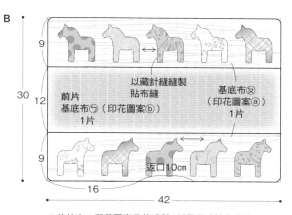

B

9

30　12　前片基底布╒（印花圖案ⓑ）1片　以藏針縫縫製貼布縫　基底布╳（印花圖案ⓐ）1片

9　返口10cm

16

42

※後片布：印花圖案ⓒ裁成與A相同尺寸的作品的貼布縫用布與斜布條縫份為0.3cm，其他縫份為0.7cm。

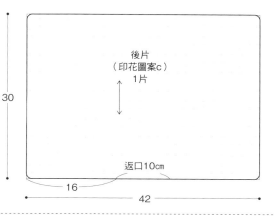

A

＊貼布縫用布與斜布條縫份為0.3cm，其他縫份為0.7cm。

前片 1片
基底布╒
（印花圖案ⓐ）

基底布╳（印花圖案ⓑ）

基底布╳（印花圖案ⓑ）　以藏針縫製作貼布縫

30

10　6　返口10cm　6　10

22

42

後片（印花圖案c）1片

30

返口10cm

16

42

作品 ◀ P.056

# 圍繞著五月節柱 *Kring majstången*

◎ 完成尺寸 高42cm 寬36cm
◎ 原寸圖案附錄紙型C面

**材料**
❶木棉布　印花圖案ⓐ…45×56cm
（貼布縫基底布A）
❷木棉布　印花圖案ⓑ…20×56cm
（貼布縫基底布B）
❸木棉布　零碼布片數款…各適量
（貼布縫用布）

❹鋪棉…62×56cm
❺25號繡線　綠色・深綠色・淡綠色・
粉紅色・暗粉紅色・鮭魚色・茶色・
焦茶色・藍色・灰色・黃色・
芥末黃色・黑色・白色…各適量
❻框…內徑42×36cm　1組
❼電氣膠帶

**作法**
**1** 貼布縫基底布A與B接合部分為0.7cm，
其它留約8至10cm左右剪掉，鋪棉也留約

8至10cm，並剪掉多餘的部分。
**2** 在貼布縫基底布上製作貼布縫B，基底
布A留縫線外0.7cm，與B重疊的部分挖
空，描繪貼布縫圖案。
**3** 在2的基底布上製作中間的樹木，接著
是樹上的裝飾及小鳥的貼布縫，最後才製
作葉子與中心的花朵貼布縫，然後刺繡。
**4** 在貼布縫基底布的反面疊上鋪棉，將紙
板放在完成線位置內，多餘的布或鋪棉往
板子一側摺入，以電氣膠帶固定。

---

作品 ◀ P.048

# 聖誕節の回憶 *Minnen från julen*

◎ 完成尺寸
高度12.5cm 寬24.5cm 深10cm
◎ 原寸圖案附錄紙型B面

**材料**
❶木棉布　印花圖案ⓐ…30×40cm
（主體表布）
❷木棉布　織紋ⓐ…12×27cm（底布）
❸木棉布　印花圖案ⓑ…50×55cm
（主體裡布・隔間布）
❹木棉布　印花圖案ⓒ…16×7cm
（提把表布）

❺木棉布　印花圖案ⓓ…16×7cm
（提把裡布）
❻木棉布　素色…41×55cm（補強布）
❼木棉布　零碼布片數款…各適量
（貼布縫用布）
❽鋪棉…45×90cm
❾厚質有膠布襯…14×10cm
❿厚紙板…25×60cm
⓫25號繡線
白色・綠色・粉紅色・紅色・亮紅色・
橘色・原色・灰色・藍色・其他個人喜
好的顏色數款…各適量
圓弧針

**作法**
**1** 參考裁布圖與原寸圖案，裁剪各布片，
在主體表布的側面與側身上製作貼布縫
與刺繡。
**2** 參考圖1製作提把。
**3** 參考圖2製作隔間布。
**4** 參考圖3至7製作主體。

◎ **裁布圖**

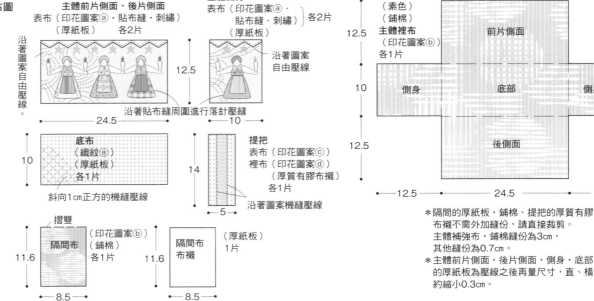

＊隔間的厚紙板・鋪棉、提把的厚質有膠
布襯不需外加縫份，請直接裁剪。
主體補強布・鋪棉縫份為3cm，
其他縫份為0.7cm。
＊主體前片側面・後片側面・側身・底部
的厚紙板為壓線之後再量尺寸，直、橫
約縮小0.3cm。

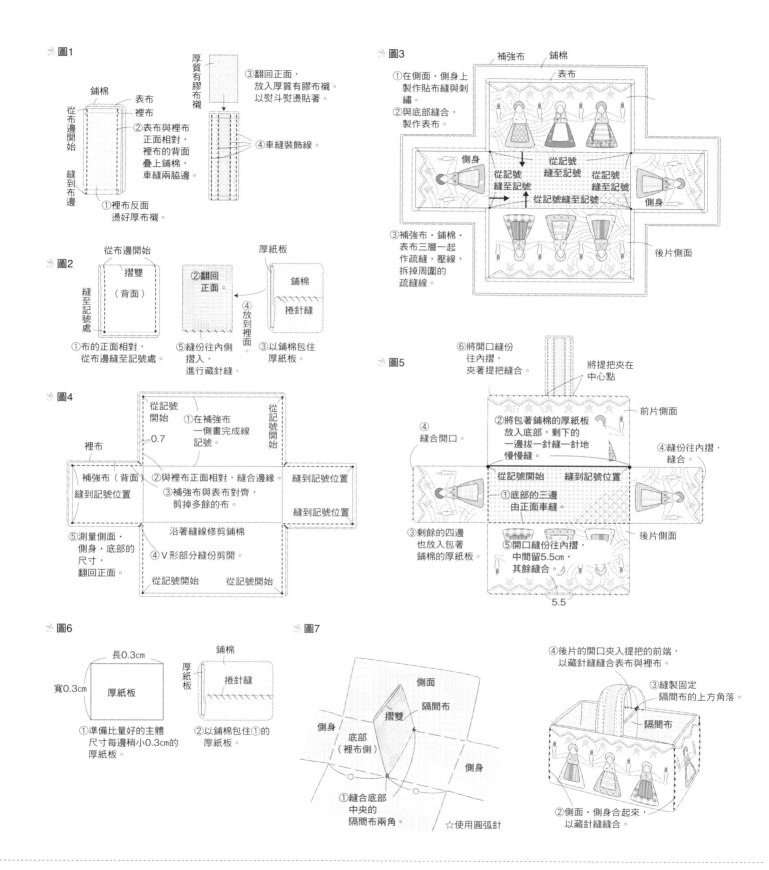

# 穿著民族服飾の少女　Dräktflicka

⊗ 完成尺寸
　長22.5cm 開口寬20cm 側身寬3cm
⊗ 原寸紙型・圖案附錄紙型C面。

**材料**
❶木棉布　印花圖案…26×60cm
　（袋身表布）
❷木棉布　織紋…50×30cm（裡布）
❸木棉布　零碼布片數款…各適量
　（貼布縫用布）
❹25號繡線　亮藍色・藍色・米色・茶色
　・淺酒紅色・酒紅色・深紅色・紅色・
　鮭魚色…各適量
❺皮帶　淡咖啡色…2cm寬・46cm長
　（提把）
　其他材料　粉紅色色鉛筆

**作法**
1 依照裁布圖與原寸紙型・圖案裁剪各布
　片。
2 在袋身表布上製作貼布縫與刺繡。
3 依照圖的①至⑨製作袋身。

⊗ 裁布圖

　＊外加0.7cm縫份再裁剪

前袋身
表布（貼布縫）1片

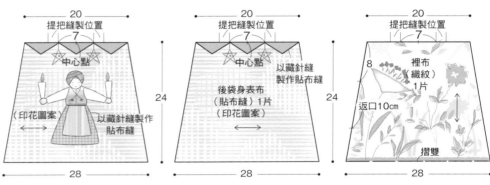

①縫合前袋身表布與後袋身的袋底。

②前袋身與後袋身布
　正面相對，
　車縫兩脇邊。
　（背面）
0.7
縫至布邊

③袋底抓三角，
　車縫側身3cm寬。
燙開縫份
（背面）
3
④裁剪側身縫份
　至0.7cm。
0.7

⑤翻回正面。
　將提把疏縫固定於
　完成線外側。
疏縫固定
長23cm的
皮帶
7
（正面）

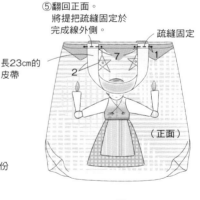

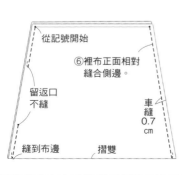

從記號開始
⑥裡布正面相對
　縫合側邊。
留返口
不縫
車縫
0.7cm
縫到布邊　摺雙

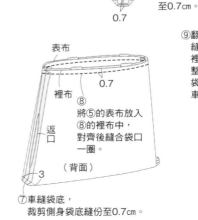

⑦車縫袋底，
　裁剪側身袋底縫份至0.7cm。
表布
裡布
返口
0.7
3
⑧
將⑤的表布放入
⑧的裡布中，
對齊後縫合袋口
一圈。
（背面）

⑨翻回正面，
　縫合返口，
　裡袋放入表袋，
　整理形狀，
　袋口沿著邊緣
　車縫一圈。

# Knacke、Knacke! *Knäcke knäcke*

**完成尺寸**

A 直徑12cm　B 長8cm 寬14cm

原寸紙型附錄紙型C面

## 材料

**A（1片的用量）**

❶麻質布料　米色…14×14cm（表布）

❷木棉布　印花布料…14×14cm
　（鋪棉）

❸鋪棉…14×14cm

❹薄質有膠布襯…12×12cm

❺25號繡線　焦茶色…適量

**B（1片的用量）**

❶木棉布　織紋…10×32cm
　（表布・裡布）

❷鋪棉…10×16cm

❸薄質有膠布襯…8×14cm

❹25號繡線　茶色…適量

## 作法

**A**

**1** 參考原寸紙型與裁布圖裁剪各布片。

**2** 裡布的反面貼上布襯，表布正面相對，
表布反面疊上鋪棉，縫製中心的圓。從
縫線往外0.7cm處剪掉，在縫份上剪牙
口，沿著縫線修剪鋪棉。（圖1）

**3** 從內側的圓圈處把表布以及鋪棉拉出
來，整理形狀，在裡布縫份中間縮縫，
拉緊縫線，縫份倒向內側。（圖2）

**4** 四周的鋪棉也修剪到完成線處，表布的
縫份包著鋪棉往內摺，布的反面相對與
裡布一起以藏針縫縫合。（圖3）

**5** 周圍進行毛邊繡，內側則自由地作法式
結粒繡。（圖4）

**B**

縫製主體，從返口翻回正面，以藏針縫
縫合返口。

周圍進行毛邊繡，內側則自由地進行法
式結粒繡。（圖5・6）

### 裁布圖　A

**本體**

表布（米色麻質布料・刺繡）
（鋪棉）
裡布（印花布料）
（薄質有膠布襯）

各1片

2.3

├─── 12 ───┤

＊薄質有膠布襯不需外加縫份，
　請直接裁剪，
　其他縫份為0.7cm。

### 裁布圖　B

**主體**

表布（織紋・刺繡）
（鋪棉）
裡布（織紋）
（薄質有膠布襯）

各1片

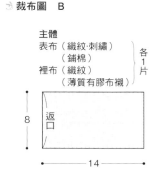

8

返口

├─── 14 ───┤

＊薄質有膠布襯不需外加縫份，
　請直接裁剪，
　其他縫份為0.7cm。

### 毛邊繡

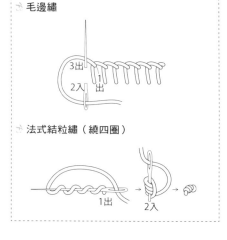

3出　1　　
2入　出

### 法式結粒繡（繞四圈）

1出　　2入

### 圖1

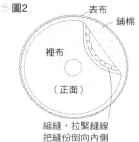

鋪棉　表布　裡布

③縫份
剪牙口。
①薄質有膠布襯

縫份0.7cm
②車縫
0.7cm

### 圖2

表布　鋪棉

裡布
（正面）

縮縫，拉緊縫線
把縫份倒向內側

### 圖3

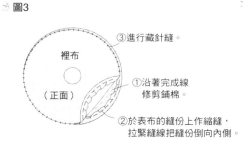

裡布
（正面）

③進行藏針縫。

①沿著完成線
修剪鋪棉。

②於表布的縫份上作縮縫，
拉緊縫線把縫份倒向內側。

### 圖4

①毛邊繡
（焦茶色）4股

②法式結粒繡
（焦茶色）
取4股繞4圈

### 圖5

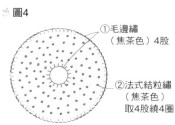

鋪棉　表布　裡布

②從記號縫至記號。

0.7

①裡布的背面
貼上布襯。

③沿著縫線修剪鋪棉。

### 圖6

②毛邊繡（茶色）4股。

①從返口翻回
正面，縫份
往內摺入，
進行藏針縫。

③法式結粒繡
（茶色）
取4股
繞4圈。

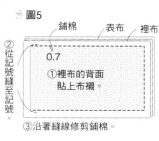

## 斉藤謠子
### Yoko Saito

拼布作家。對美國的古董拼布感興趣，而開始製作拼布。其後放眼歐洲與北歐的風格，開始製作具有獨特配色與設計的拼布作品。

作品具有深厚且細緻的功力，並從事教室與網路講座的教學。

自NHK「美麗的手作」開始在電視及雜誌上有大量的作品發表，在海外舉行的作品展與講座也都大受歡迎。

著有「斉藤謠子的拼布花束創作集」「斉藤謠子北歐風拼布」「斉藤謠子的北歐風布包」等多本作品（部分繁體中文版由雅書堂文化出版）。

斉藤謠子拼布教室＆店舖 Quilt Party
http://www.quilt.co.jp
日文原書團隊
作品製作工作人員
山田数子、水沢勝美、吉田睦美

美術設計　竹盛若菜

*Staff*
攝影　青山紀子
　　　對馬一次（作法）
編輯協助
奧田千香美、宮下信子、百目鬼尚子
版型製作　tinyeggs studio（大森裕美子）
協助　八幡敬子 LARSSON（協調人員定居於瑞典 Leksand）
校對　山內寬子
編輯　奧村真紀（NHK 出版）

攝影協力
GREEN HOTEL SALKA BÖRJESON
KERSTI JOBS BJÖRKLÖF
ULLA&ERIK BJÖRKLÖF
KARIN HOLMBERG
DJURA HEMBYGDSGÄRD
LEKSANDS FOLKHÖGSKOLA
BRITA SOLEN

**PATCHWORK** 拼布美學 19

# 斉藤謠子のLOVE拼布旅行
## 最愛北歐！夢之風景×自然系雜貨風の職人愛藏拼布 · 27

作　　者／斉藤謠子
譯　　者／苡蔓
發 行 人／詹慶和
總 編 輯／蔡麗玲
執行編輯／黃璟安
編　　輯／蔡毓玲・劉蕙寧・陳姿伶・白宜平・李佳穎
封面設計／翟秀美
美術編輯／陳麗娜・李盈儀・周盈汝
內頁排版／翟秀美・造極
出 版 者／雅書堂文化事業有限公司
發 行 者／雅書堂文化事業有限公司
郵政劃撥帳號／18225950
戶　　名／雅書堂文化事業有限公司
地　　址／新北市板橋區板新路206號3樓
電　　話／(02)8952-4078
傳　　真／(02)8952-4084
網　　址／www.elegantbooks.com.tw
電子信箱／elegant.books@msa.hinet.net

總經銷／朝日文化事業有限公司
進退貨地址／新北市中和區橋安街15巷1號7樓
電話／（02）2249-7714
傳真／（02）2249-8715

2014年10月初版一刷　定價 480 元

SAITO YOKO NO ITOSHII QUILT HOKUO WO TABISHITE by Yoko Saito
Copyright © Yoko Saito,2014
All rights reserved.
Original Japanese edition published in Japan by NHK Publishing,Inc.
This Traditional Chinese translation rights arranged with NHK Publishing,Inc.Tokyo in care of Tuttle-Mori Agency, Inc., Tokyo
through Keio Cultural Enterprise Co., Ltd.,New Taipei.
Traditional Chinese edition copyright © 2014 by Elegant Books Cultural Enterprise Co., Ltd.

國家圖書館出版品預行編目(CIP)資料

斉藤謠子のLOVE拼布旅行：最愛北歐！夢之風景×自然系雜貨風の職人愛藏拼布·27/ 斉藤謠子著；苡蔓譯. -- 初版. -- 新北市：雅書堂文化, 2014.10
　面；　公分. -- (Patchwork拼布美學；19)
ISBN 978-986-302-200-8(平裝)
1.拼布藝術 2.手工藝
426.7　　　　　　　　　　103016115

# 斉藤老師の北歐風時尚
# 定番人氣布包登場！

多次旅歷北歐，

愛上當地的人文風情和傳統圖案，

斉藤謠子老師將其對於北歐當地民情的熱愛，

融入地方特色設計出多款布料，

作成25款實用可攜的各式隨身布包。

讓斉藤老師告訴你，

愛上手作布包的四大理由——

· 布包の魅力

· 自由挑選素材

· 處處用心的設計美學

· 表布 & 裡布的設計小祕密

斉藤謠子の北歐風拼布包
Sy de enklaste
簡單時尚 × 雜貨風人氣手作布包 Type.25

PATCHW❂RK 拼布美學 15

斉藤謠子の北歐風拼布包：
簡單時尚 × 雜貨風人氣手作布包 Type.25

斉藤謠子◎著
定價 480 元

斉藤謠子の拼布——
晉級の手縫:Quilt Japan 精選
11 大主題×66 款傳統圖形,
拼布人必學の手縫基礎 BEST
斉藤謠子◎著
平裝／96 頁／21×26cm／彩色＋單色
● 定價 480 元

精選日本 QUILT JAPAN 雜誌連載單元＆全新加入作品

# 斉藤謠子老師不藏私推薦
# 拼布人一定要學的 66 個人氣傳統圖形!

　　書中共收錄６６個傳統圖形,內附紙型,其中有許多是斉藤謠子老師喜愛的圖案,除了就圖案的拼接方

法講解之外,也提供她獨特的配色技巧,讓學習者能夠有更多不同的製作參考,除了圖案的教學以外,齊藤
老師也將其應用在作品中,例如:各式各樣的提袋、抱枕、壁飾、拼布小物等,是一本實用性高且非常適合
對拼布圖形有研究的拼布迷,作為製作作品參考的圖形經典指南!